# LANDSCAPE PLANTING DESIGN

# 景观植物配置设计

（英）玖农·艾弗斯 编　李婵 译

辽宁科学技术出版社
·沈阳·

# 前言

“依靠科学的植物种植和设计，植物在景观中毫无疑问地经受住了考验。植物代表着生命和物质的交汇，而对景观设计界来说，植物具有至高无上的实用效用或神圣的美：人类拥有‘驯化’植物的集体愿望。种植的方式和步骤依赖于我们控制植物生长的实践经验，让植物呈现特定的形态。使用‘活的物质’这个短语，我是想说，我们可以根据植物的‘活的’属性去重新定义和认识植物。”——罗塞塔·埃尔金（Rosetta Elkin），2017 年“活的物质”主题展览与讲座（Live Matter）

很难想象没有植物、树木和“活的物质”的城市空间，但是这个环境创造过程中的关键一环却经常被忽视，甚至被认为根本不存在。我相信，这种针对植物的设计超越了装饰，或者说，人们想要“驯化”自然的愿望是景观设计师最大的责任之一。罗伯特·麦克法兰（Robert Macfarlane）在《遗失的词汇》（The Lost Words）一书中创造了一本法术书，这本书的目的是保护与自然有关的四十个常用词汇，这些词汇有遗失的危险。这其中传递了一个信号：孩子没有充分接触大自然，无法维持这种有关自然的集体记忆。弗洛伦斯·威廉姆斯（Florence Williams）在《自然修复》（Nature Fix）一书中也提到了人们（尤其是孩子）与自然密切接触的重要性。我越来越坚信，作为景观设计界的从业者，我们有责任让大自然渗透进那些正在经历被高度使用、占有和密集化的城市。植物的生理上的“活的”特性需要通过设计来重新激活，让城市居民接触到生态系统。人们逐渐意识到，植物在面对气候变化时拥有增强环境复原力的作用。由此，我们创造出“海绵景观”，让植物吸收污染物、净化水和固碳的作用更加凸显出来。植被覆盖的墙壁和屋顶形成了绿色基础设施，为遭受城市热岛效应的城市降温，为数量急剧下降的昆虫提供栖息地，为冬季觅食的鸟类提供食物。毫无疑问，植物是我们赖以生存的东西，这种依赖性很深——我甚至没有提到植物作为食物来源。詹姆斯·希契莫夫教授（James Hitchmough）和奈杰尔·邓尼特教授（Nigel Dunnett）的工作以及他们对植物恢复力的研究为我们指明了植物群落进化的未来。植物将进化自身以适应不断变化的温度和随之而来的环境异常。我们也需要适应，去理解即将到来的变化，并考虑我们如何能够与自然合作，而不是与自然对抗，以找到解决当今人类文明所面临的挑战的方法。

这些观点说到了植物的生理上的“活的”特性。这本书也讲到植物在我们身上唤起的文化上的“活的”特性；我们与自然美、季节的流逝以及颜色和质感的力量有着深刻的内在联系。城市植物配置设计，如果做得好，就有能力定义一个地方，给予它特定的形象和身份，并在同时能让人们考虑一些关于我们的环境的更深入的问题。皮特·奥多夫（Piet Oudolf）的工作在这方面的影响再夸大都不为过。你只需要看看纽约的高线公园（The Highline）、芝加哥的劳里花园（The Laurie Gardens）或伦敦的波特斯田野公园（Potters Fields Park），就可以看到他的植物设计给人们带来的巨大影响。皮特让我们看到了腐烂之美、植物骨架形态之美、种子的造型之美以及多年生植物和草类植物在自然变化的过程中呈现的质感和变化。近几十年来，园艺设计价值的复兴在很大程度上要归功于皮特·奥多夫。我与辽宁科学技术出版社合作写这本书，并没有建议收录奥多夫的任何项目，主要是因为他的作品现在广为人知，广受赞赏。相反，我很高兴能发现其他顶尖设计师、下一代的天才和那些将植物视为创作核心的项目，这些项目用植物打造独一无二的环境，连接人与自然，揭示季节的变化。其中的每一个都在某种方式上受到奥多夫和“新多年生植物运动”的影响。

这本书中的案例研究说明了，通过植物展现的视觉设计语言可以拥有多么不可思议的多样性。每一个案例都展现了设计师的独到手法，以及他们对植物的深刻认识，包括植物的“行为”、植物的特定形态和生长习性、植物的位置和微气候、季节性和价值，无论是正在生长中的植物，还是正在衰退、进入休眠中的植物。植物的使用是每个案例的核心，而不是等到其他一切都已经设计完成，才去订购和安排植物。这些案例位于不同的大洲，环境各异，丰富多彩。每个案例深入研究设计过程，并给出了构成植物配置设计的植物列表，极具参考价值。

我很幸运能在英国做景观设计。这个国家有着深厚的园艺文化传统，有历史悠久的种植园，知识分子普遍精通园艺。我们有欣欣向荣、充满活力的“基础设施”——苗圃、研究团体、教育家以及具有丰富植物知识的学者和从业者。在世界其他地区，这种基础设施和知识并不存在，或者景观只是一个新兴产业。我希望，这本书能以某种微小的方式，促进上述基础设施的发展，以及新一代设计师的出现，让他们听到号召，用设计让人与自然重新接触，揭示季节的变化以及植物的令人惊叹的“活的”特性。

**坎农·艾弗斯**

坎农·艾弗斯（Cannon Ivers），英国景观协会特许会员，伦敦 LDA 设计公司（LDA Design）董事。拥有哈佛大学设计研究生院（GSD）景观建筑硕士学位，并在 GSD 获得最高奖项——美国景观设计师协会（ASLA）荣誉奖。任教于巴特利特景观建筑学院（Bartlett School of Landscape Architecture）。著有《城市景观策划：城市公共空间的激活与管理》（Staging Urban Landscapes: The Activation and Curation of Flexible Public Spaces），Birkhauser 出版社。

# 目录

## 雨水处理



## 低维护设计

COLOUR PALETTE

色彩配置

# 植物配置中的色彩推动力

文：奈杰尔·邓尼特

奈杰尔·邓内特(Nigel Dunnett)，谢菲尔德大学(University of Sheffield)景观系教授，专攻植物设计、城市园艺和植被种植技术。是一名生态学家、园艺家、设计师，也是尝试公共空间和园艺景观的创新生态设计法的先驱。

色彩是构成人类对植物的感知的重要因素之一，但是通观整个园艺和景观设计史，色彩只在较短时期内在植物配置设计中被列为一项重要考虑因素，主要是 19 世纪晚期、20 世纪和 21 世纪的一种现象。以前，说到花(因为，老实说，这是我们谈论景观色彩时所说的绝大部分内容)，我们更多地侧重的是个体的美丽，而观赏性植物的种植更多的是作为欣赏的样本，而不是作为更大的植物配置的一部分。这一切都随着色彩理论的发展及其在艺术实践中的应用而改变了——事实上，色彩在植物设计中的作用和相对重要性反映了艺术和设计领域的更广泛的运动。

就色彩理论本身来说，关于颜色是什么的科学理论以及关于颜色做什么(即颜色如何被感知)的心理学理论之间一直存在着争议。虽然这两个方面在美术界的理论和实践中都进行了较为深入的探索，但可以说，这两方面在景观植物设计中的应用还比较初级。原因很容易理解：涉及植物和生态系统的工作，最令人兴奋的一点是其动态性，但是这也是在景观设计中对色彩理论开展复杂探索的最大障碍，因为从长远来看，以某种形式的稳态(静态)定格一个植被景观几乎是不可能的(如果可能，那么这个景观也是不可持续的了)。

科学的色彩理论仍然来源于牛顿对白光如何通过棱镜折射成颜色的解释。牛顿在《光学》(Optiks，1704年)一书中以红、蓝、黄三原色为基色，提出了现代“色轮”的基础。由此衍生出“相似色”的概念——这些颜色在色轮上彼此相邻或接近，如果搭配使用，就会产生和谐的效果(因为这些颜色有共同的基础)；以及“互补色”——在色轮上彼此对立的颜色，如果同时使用，就会产生鲜明的对比效果(因为，实际上，这些颜色没有任何共同之处)。“三色”配色方案使用三种颜色，分别位于色轮的不同角落，通常包含两种相似色，一种互补色。色轮，以及后来衍生出来的各种现代版本的色轮，是植物配置设计中最常提及的色彩理论参考。

然而，牛顿的理念后来受到了挑战，因为这种理论虽然阐述了颜色的物理原理，但这不足以解释人们是如何真正体验颜色的。从约翰·沃尔夫冈·冯·歌德的《颜色理论》(Theory of Colours，1810年)开始，人们就认识到，生物(人脑是如何工作的)和文化(人在社会中习得的反应方式)在颜色感知中也起着重要的作用。歌德提出(没有科学依据)，颜色在从白色到黑色的连续统上排列，中间颜色是由于其中包含的不同的光亮和黑暗的相对强度而产生。黄色主要来自光亮，而蓝色主要来自黑暗。从诸如此类的相对概念中，我们定义了“暖色”的概念，即：充满活力、明亮、活跃、突出；以及“冷色”的概念，即：退缩的、消极的色彩。这种暖和冷的概念已经广泛应用于景观植物设计中：我们有这样一种感觉，即看到浅淡的颜色往往比看到暖色有更大的感知距离，而暖色则更善于在视觉上抓住人的注意力。歌德还提出，不同的颜色会引起不同的情绪——这也是植物配置中的常见手法，用不同的配色唤起不同的氛围，无论是平静的、抚慰人心的，还是生动的、充满活力的。

伦敦巴比肯艺术中心山毛榉花园与空中步道。图片版权：奈杰尔·邓尼特。

也许色彩对植物配置设计的最大影响与这种“情绪”感有关，尤其是像印象派所解释的那样，光以及光对色彩感知的影响是最重要的，而对画中场景的印象或情绪氛围是通过色彩的笔触来传达的。这种理论是由葛特鲁德·杰基尔（Gertrude Jekyll，1843–1932）提出的。她本身就是一位画家，钟爱印象派的作品。她把植物看作艺术的媒介，在创作中偏爱以线性形式运用植物（某种程度上类似于印象派绘画中的笔触）来构建抽象的构图，这种构图以色彩关系而闻名。事实上，这种方法经常被称作绘画方式的植物设计。杰基尔在她极具影响力的书《花园色彩方案》（Colour Schemes for the Flower Garden，1908 年）中提出了她的理念。她建议在花园的不同区域进行单独种植，并严格运用相似色，形成花园的色彩方案。她最著名的色彩实验是在她私人的曼斯特德花园（Munstead Wood）进行的。她在花园边缘的狭长地块上创建了一系列色彩植被，从两端的冷色过渡到中间的暖色。

实事求是地说，杰基尔的方法在很多主流的园艺和花园植物配置设计中仍然是一种重要方法，在小空间中以“植物搭配”的形式体现，即：某一品种的植物在颜色、形态和质地上与毗邻植物相匹配。然而，在整个景观设计和更现代的植物配置设计中，色彩作为植物选择和布局的要素充其量是作为一种次要因素来考虑的。有几个原因可以解释这一点。现代主义将园艺思想从景观设计中肃清了。在现代主义看来，园艺重情感而不重理性，过于朴素、粗糙，不够整洁。当然，在当代自然主义的植物设计中［例如，皮特·奥多夫（Piet Oudolf）所支持的自然主义］，就我认为属于“现代主义”风格的设计来说，决定其价值的是植物的形式和功能，而不是花的颜色。任何激进运动都伴随着一定程度的革命热情，这里也不例外。景观设计的“新自然主义”试图远离和拒绝之前的理论。杰基尔对色彩的看重被认为是一种富裕花园的典型：舒适、雅致、精细，但跟生态美学无关。有这么一种感觉：只要是彩色的，什么都行。

现在，是时候重新考虑这种平衡，把色彩作为推动力重新融入到景观设计中了，但是要用不同的方式，也许要参考不同的观点。许多画家，比如布里奇特·莱利（Bridget Riley）和保罗·克利（Paul Klee），在他们的作品中会重复在造型和色彩上相似的图案，这与野花草甸的植物布局方式非常相似。尤其是克利，他会使用精心挑选的相似色，搭配非常少量的强烈的对比色。在我的书中，色彩上的用心斟酌，结合自然主义植物设计的解放性的特征，为我们指向了一个令人振奋的未来。但我们必须打破印象主义的常规，用一种类似于最近的艺术运动探索人类对色彩的反应的方式，去发掘其中全部的潜力。

**设计单位：**珍妮特·罗森伯格工作室（Janet Rosenberg & Studio）

**摄影：**杰夫·麦克尼尔（Jeff McNeill）　　**面积：**8公顷

加拿大，安大略省，汉密尔顿

# 大卫·布雷利和南希·戈登岩石花园

*新的岩石花园设计尊重原有标志性景观的外观和感觉，同时增加了750种植物，凭借花卉、绿叶以及秋天的多样色彩和果实，以增加花园季节性的变化。*

大卫·布雷利和南希·戈登岩石花园（David Braley and Nancy Gordon Rock Garden）位于加拿大汉密尔顿的皇家植物园（Royal Botanical Gardens），是园中重要景点之一。本案将岩石花园进行了彻底的翻新改造，扩大了花园面积，让游客享受21世纪的花园景观体验。尽管岩石花园的前身只是一个采石坑，但它依然在经济大萧条时代成为当地市政建设工程的重点项目，成为通往汉密尔顿和伯灵顿两座城市的重要门户。

岩石花园距离最初建园已有80年。本案设计的目标是增强花园面向公众的可见性和存在感，争取超越过去年平均50万人次游客的成绩。针对这个目标，总体规划中提出以下方针：面向全部城区、全体游客，改善园内通行条件，打造无障碍花园，增强游览便利性；增建一处活动场馆，为游客提供全年无休的活动场地；采用可持续植物配置方案，改善环境质量。重建后，花园新增了部分台地，毗邻原采石场内遗留的一座小花园，面积从原来的2.2公顷增加到80多公顷。除了新增停车场之外，还修复了花园内遭到毁坏的特色景观，并增加了新的景点。设计还包括园内标识和导视设计。增建一座游客中心，配备现代化的照明和音响系统。全部设计都建立在对既有景观遗产的保护基础上。设计施工耗时三年，花园于2016年4月面向公众开放。

珍妮特·罗森伯格工作室（JRS）与设计新游客中心的建筑师紧密合作，根据游客中心的功能设置，提出了因地制宜的景观设计方案。游客中心以多样化的活动空间和带平台的餐厅为特色。景观设计的内容包括：新增步道和入口，从停车场到新建的公园入口，游人可以便捷地到达游客中心；沿游客中心正立面外墙设置水景——倒影池；台地采用石材铺装，俯瞰新建部分的花园以及采石场遗留小花园。毗邻游客中心的入口花园，在一个家庭的慷慨捐助下得以修建，以该家庭的姓氏命名为达格利什庭院（The Dalglish Family Courtyard），地面铺装采用宽大的石板，四周是2

达格利什庭院地面植栽布置

| 拉丁文名缩写 | 数量 | 植物名称 | 尺寸 | 生长条件 | 备注 |
|---|---|---|---|---|---|
| | | **落叶乔木** | | | |
| Bn | 3 | 黑桦 | 80 毫米 | 钢丝笼 | 最终的选择根据苗圃现有植物库存决定 |
| Ag | | 血皮槭 | 80 毫米 | 钢丝笼 | |
| | | **落叶灌木** | | | |
| Bd | 3 | 皇红醉鱼草 | 3 加仑 | 盆栽 | |
| Dm | 5 | 七里香 | 50 厘米 | 盆栽 | |
| Vi | 3 | 红蕾荚蒾 | 120 厘米 | 盆栽 | |
| | | **阔叶常绿植物** | | | |
| Bu | 50 | 黄杨 | 50 厘米 | 盆栽 | 修剪成树篱 |
| | | **攀爬植物** | | | |
| Ls | 3 | 大叶忍冬 | 1 加仑 | 盆栽或堆叠 | |
| Ro | 2 | 龙沙宝石 | 3 加仑 | 盆栽 | |
| | | **多年生植物** | | | |
| ac | 40 | 落新妇“钻石珍珠” | 1 加仑 | 盆栽 | |
| cl | 40 | 毛唇兰 | 1 加仑 | 盆栽 | |
| gp | 23 | 老鹳草“完美风暴” | 1 加仑 | 盆栽 | |
| hg | 50 | 治疝草 | 9 厘米 | 盆栽 | 种植于地面铺装的间隙 |
| is | 35 | 屈曲花“纯洁” | 1 加仑 | 盆栽 | |
| pa | 27 | 滨藜叶分药花 | 1 加仑 | 盆栽 | |
| sh | 50 | 蓝苔景天 | 9 厘米 | 盆栽 | 种植于地面铺装的间隙 |
| sm | 24 | 马特罗纳景天 | 1 加仑 | 盆栽 | |
| sm | 50 | 小水苏 | 9 厘米 | 盆栽 | 种植于地面铺装的间隙 |
| tc | 50 | 石芋 | 9 厘米 | 盆栽 | 种植于地面铺装的间隙 |
| vt | 50 | 婆婆纳 | 9 厘米 | 盆栽 | 种植于地面铺装的间隙 |

达格利什庭院石墙植栽布置

| 数量 | 植物名称 | 数量 | 植物名称 |
|---|---|---|---|
| 20 | 长春花 | 12 | 匍匐球花 |
| 12 | 仙人掌“杰奎蒙蒂” | 30 | 白花石竹 |
| 12 | 蝶须 | 12 | 矾根“康斯坦斯” |
| 12 | 山地绒毛花 | 12 | 莱茵湾鸢尾 |
| 20 | 风铃草 | 12 | 髯鸢尾 |
| 12 | 热带风铃草 | 30 | 福禄考“赫伯特” |
| 55 | 毛唇兰 | 30 | 欧洲报春花 |
| 12 | 菊花 | 20 | 细叶白头翁 |
| 12 | 七里香“劳伦斯·克洛克” | 20 | 短小鼠李 |
| 12 | 七里香“穆兰城堡” | 12 | 枕叶肥皂草 |
| 12 | 大叶七里香 | 20 | 短小肥皂草 |
| 12 | 七里香“莱拉·海恩斯” | 20 | 罗森诺姆肥皂草 |
| 12 | 七里香“凯丝·德莱顿” | 20 | 东方黄芩 |
| 30 | 露子花“雷茨尼采克” | 20 | 韦氏杂交景天 |
| 12 | 石竹“穆拉德·达格” | 20 | 斜纹景天 |
| 30 | 密生葶苈 | 30 | 大红卷绢 |
| 12 | 绵毛蕨“波特里” | 20 | 红豆草 |
| 20 | 冰芥 | 20 | 长春花 |
| 12 | 卫矛“里库乔” | 100 | 一枝黄 |
| 12 | 巴尔干拟金雀花 | 100 | 欧百里香 |
| 12 | 德氏金雀花 | 12 | 布氏婆婆纳 |
| 30 | 狭叶龙胆 | 100 | 欧氏婆婆纳 |
| 20 | 达尔马提亚老鹳草 | 12 | 黄连 |

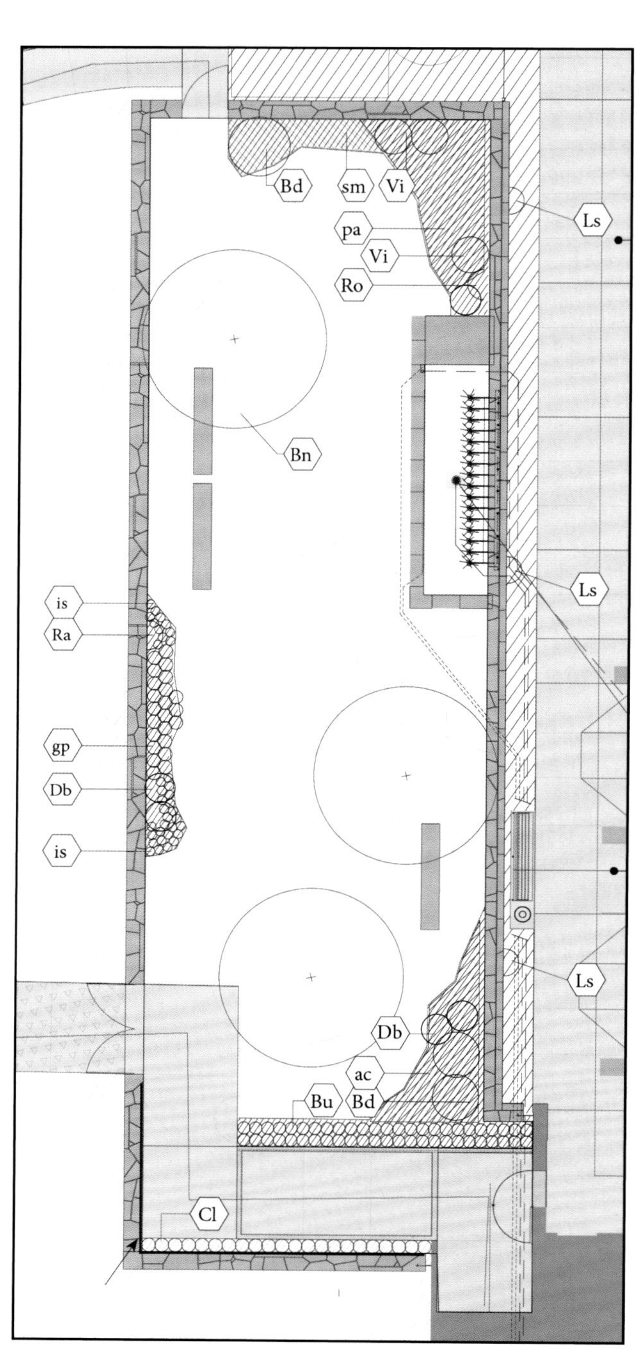


达格利什庭院石墙植栽布置

米多高的围墙，墙上种植高山植物和假山植物，园中还有一处静谧的水景。

岩石花园的改建获得所在社区2000人的支持，这使得预算比预期增加了50%以上，也体现了这样一种信念：岩石花园将继续激励和滋养更多的子孙后代。园艺设计尊重原有标志性景观的外观和感觉，同时增加了750种植物（超过2.8万株），凭借花卉、绿叶以及秋天的多样色彩和果实，以增加花园季节性的变化。此外，使用传粉植物、安大略本地原生植物以及品种多样的耐旱植物。岩石花园原本就是北美洲最大的植物园之一，改造后植物品种更是达到2411种，植株总数超过143，800株。为协助皇家植物园工作人员将来做植物编目进行公众推广，设计还提供了详细的植栽记录。此外，还有277种鸟类，37种哺乳动物。

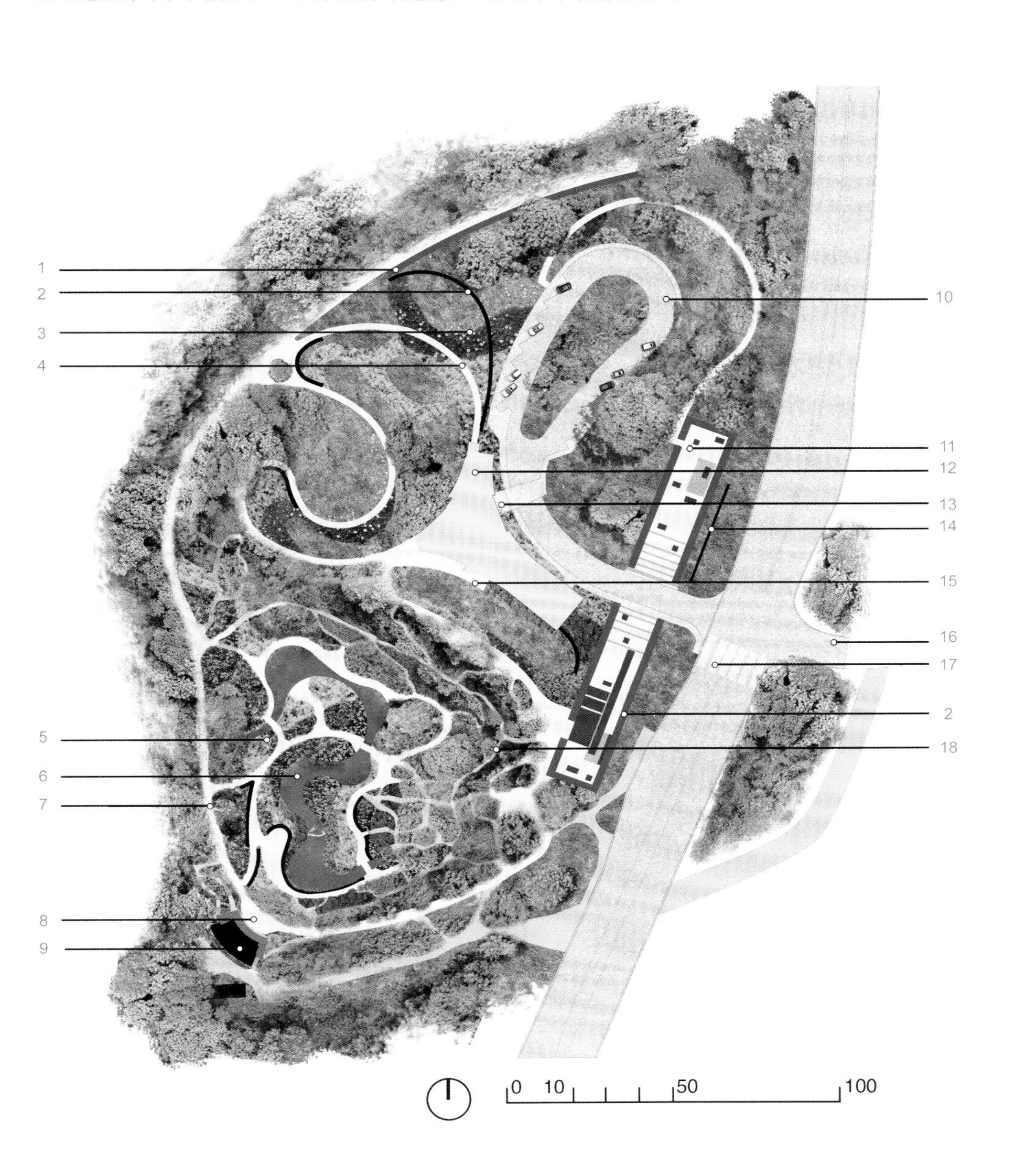


景观规划总平面图
1. 服务通道边的树篱
2. 石墙
3. 新增观赏性花池
4. 新增步道
5. 观赏性花池
6. 扩建水景
7. 开放式步道
8. 卫生间入口
9. 原有茶舍
10. 停车场 / 下车区
11. 达格利什庭院
12. 游客中心
13. 游客中心主入口
14. 用地标识
15. 户外天井
16. 原停车场入口
17. 步道十字路口
18. 原坡地步道

水景剖面图 1

1. 池塘边缘（设斜墙）
2. 水生植物
3. 排水
4. 小网篦子
5. 池塘边缘
6. 种植土壤
7. 步道
8. 有机回填土壤
9. 池塘底部钢筋喷浆混凝土
10. 压实颗粒物 A
11. 排水管（过滤）
12. 精选当地基土或压实颗粒物 B
13. 改良基土

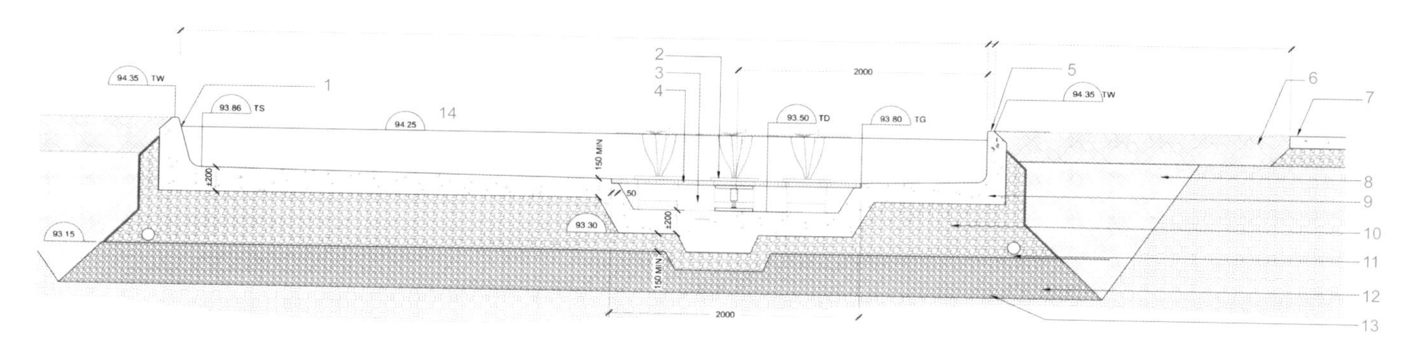


水景剖面图 2

1. 步道
2. 低点
3. 坡地
4. 岩石
5. 种植土壤
6. 土工织物
7. 有机回填土壤
8. 池塘底部钢筋喷浆混凝土
9. 压实颗粒物 A
10. 排水管（过滤）
11. 精选当地基土或压实颗粒物 B
12. 改良基土

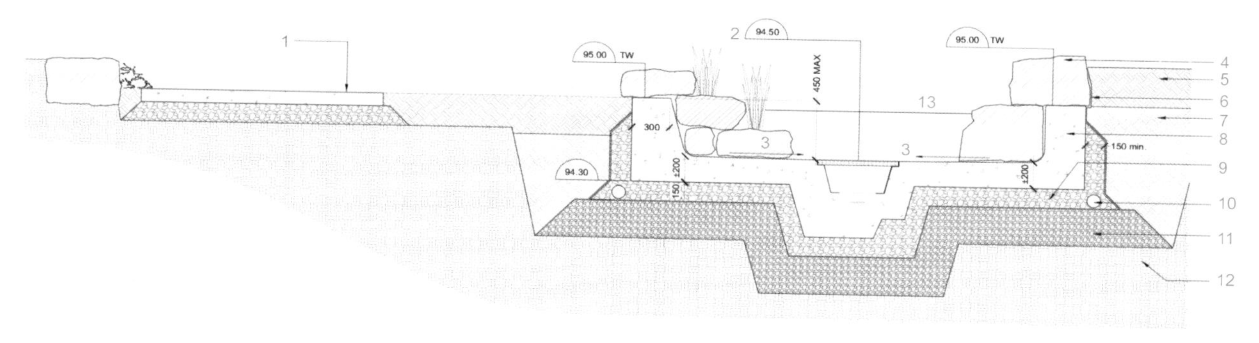

## 历史上的岩石花园植物配置

1928 年，出生于瑞典的景观设计师卡尔·博格斯特伦（Carl Borgstrom）带领他位于多伦多公司赢得了皇家植物园的设计竞赛，他的设计方案中就包括岩石花园，这也是他原创的一座花园。最初，岩石花园类似于月球景观，现在看来与今天郁郁葱葱的成熟花园形成鲜明对比。一些早期种植的针叶树——园中最早生根的一批树木——至今仍在那里生长。岩石花园以前最著名的是春季郁金香和夏季一年一度的展览，如今，新的岩石花园凭借植物园艺的吸引力全年魅力不衰，尤以色彩斑斓的夏末和秋季为高峰期。植物色彩的构成以多种多年生植物、灌木和乔木为主，减少了鳞茎类植物和一年生植物，因为这些植物为了保持良好的园艺展示效果需要经常的补种，会对环境造成影响。岩石花园也成为与植物和自然展览相关的文娱体验活动的场地。皇家植物园的科学工作主要是研究在其土地上以及在其周边的安大略土地上生长的植物。花卉是当今大多数植物周期研究的关键。

有些植物在岩石花园里具有特殊地位。小花七叶树是皇家植物园第二任园长莱斯利·莱金（Leslie Laking）的最爱。各种品种的丁香花在开花时节带来大面积的色彩。安大略的原生植物总是呈现出鲜明的色彩和造型，以传粉植物为例：麒麟菊、蝴蝶草、

新英格兰紫菀“阿尔玛波奇克”、一枝黄（是夏末传粉昆虫——比如蜂狼——的花粉主要来源）等。游客中心的入口处种植菊花。血皮槭奇特的红色树皮使其一年四季都为花园增色，而黄栌的长而精致的茎造成它有如烟熏一般的外观。秋季，日本枫树（鸡爪枫）会形成庞大的猩红色冠层。有些花颜色相同，但在品种的科属上并不密切相关，如百脉根、髯鸢尾、麝香兰、肺草和铁线莲等，都是紫色和蓝色花卉。此外，睡莲使池塘变得优雅。

一些机构和组织利用皇家植物园举办年度会议和花卉展览，包括安大略三年花卉展的花园俱乐部以及安大略百合花协会的年度百合展等。皇家植物园自 1947 年以来一直举办一个“初级园丁”活动。生物多样性管理和栖息地管理解决了越来越多的入侵物种和环境污染问题，还有成千上万的游客大量使用的问题。植物标本馆里陈列了 6 万个干燥植物的标本。

ROYAL BOTANICAL
GARDENS

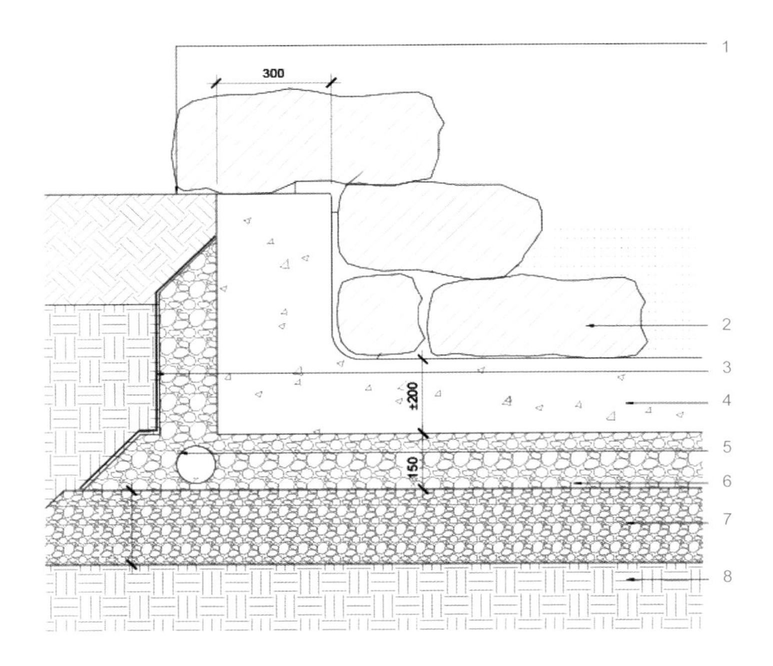


池塘水景 – 边缘类型 1– 天然石材
1. 石材背面饰面不同
2. 取自现场的天然石材
3. 土工织物
4. 加固混凝土水池
5. 多孔排水砖
6. 压实 OPSS 1010 A 型颗粒
7. 精选天然路基土或 OPSS 1010 B 型颗粒
8. 根据岩土工程报告设计并审核的路基

池塘水景 – 边缘类型 1– 花池边
1. 花池
2. 加固混凝土水池
3. 土工织物
4. 多孔排水砖
5. 压实 OPSS 1010 A 型颗粒
6. 精选天然路基土或 OPSS 1010 B 型颗粒
7. 根据岩土工程报告设计并审核的路基

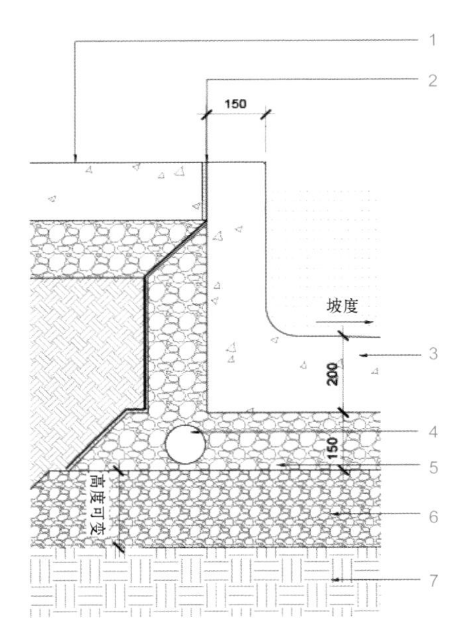


池塘水景 – 边缘类型 1– 铺装
1. 毗邻混凝土步道
2. 伸缩缝
3. 加固混凝土水池
4. 多孔排水砖
5. 压实 OPSS 1010 A 型颗粒
6. 精选天然路基土或 OPSS 1010 B 型颗粒
7. 根据岩土工程报告设计并审核的路基

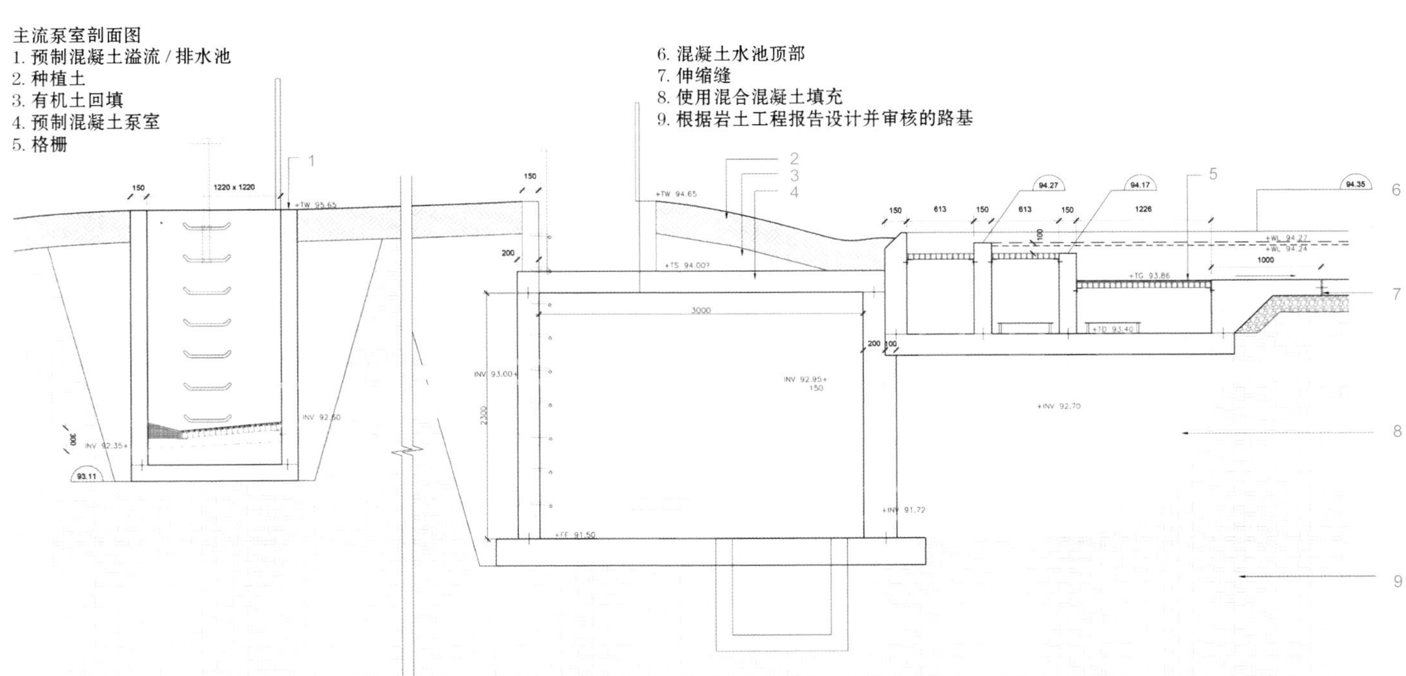


主流泵室剖面图

1. 预制混凝土溢流 / 排水池
2. 种植土
3. 有机土回填
4. 预制混凝土泵室
5. 格栅
6. 混凝土水池顶部
7. 伸缩缝
8. 使用混合混凝土填充
9. 根据岩土工程报告设计并审核的路基

**设计单位：**奈杰尔·邓尼特景观设计公司（Nigel Dunnett）

**技术顾问：**LA 景观设计（The Landscape Agency）

**摄影：**奈杰尔·邓尼特景观设计公司　　**面积：**2300 平方米

英国，伦敦

# 巴比肯艺术中心山毛榉花园与空中步道

*以光线和阴影分析为设计的出发点，划分为三个主要种植区，从春到秋，随着新的植物层不断出现，变换的"色彩波浪"呈现在由禾本植物和多年生植物构成的常绿背景中。*

---

伦敦巴比肯艺术中心（The Barbican）是欧洲最大的文化、艺术和会议场馆，包括容纳4000人居住的住宅小区。巴比肯艺术中心是著名的"野蛮主义"建筑，主要建于20世纪70年代。它代表了新型"城中村"的一种乌托邦式的景象，让伦敦中心区居民在家门口坐拥各种商铺和文化场馆。所有车辆、道路和停车场设在地下，所以在地面上的全部都是开放式空间、广场和花园，全部开放供人们使用，或聚会交流，或举办活动，没有任何类型的机动车交通干扰。与许多高密度的城市开放式空间一样，巴比肯艺术中心的花园、庭院和水体实际上是屋顶花园、"裙楼景观""建筑之上的景观"。在裙楼重做防水的同时，新的楼顶景观方案也得以实施，取代了传统的普通地面市政绿化。新方案的关键词是"适应气候变化"，没有安装任何自动灌溉系统。

对光线和阴影的分析是设计的出发点，由此决定三个主要种植区：1. 开放的、暴露于阳光下的区域；2. 白天某个时段有遮阴的区域；3. 以遮阴为主的区域。土壤层的深度也是决定性因素。大部分的区域能实现的最大深度为300 ~ 350毫米（适合多年生植物和禾本植物）；有些地方增加了土壤深度，种植树木和灌木。种植媒介（即土壤层）采用的是屋顶绿化常用的一种自由排水基质。种植类型主要有三种：a）喜光的草甸植物，需要的土壤深度相对较浅（主要是鳞茎类植物、多年生植物和禾本科植物）；b）灌木植物，需要的土壤深度相对较深（也可以种植木本植物，但需要混种多年生植物和禾本科植物）；c）林地和林地边缘植物，主要是用地上比较背阴的、凉爽的地点。这些比较背阴的区域种植了大量的白色花朵，为暗处增添了一抹亮色。

植物列表

欧蓍草
匍匐筋骨草
“霸王”葱
大绒球
虾夷葱
杂交银莲花“奥诺·季柏特”
耧斗菜“妮维雅”
大叶沉香“绿苹果”
海石竹
雅美紫菀“维林柯金”
白木紫菀
大叶紫菀“黎明”
岩白菜“白色布雷辛厄姆”
心叶牛舌草“杰克·弗罗斯特”
心叶牛舌草“莫尔斯先生”
风轮菜“蓝云”
雄黄兰“余烬之光”
常春藤叶仙客来
美女石竹
荷包牡丹“奥萝拉”
欧洲鳞毛蕨
小蓝刺头“维茨蓝”
淫羊藿“尼维姆”
马内斯科牻牛儿苗
常绿大戟
常绿大戟“矮胖子”
多彩大戟
山桃草“旋转蝴蝶”
大花老鹳草“贝万变种”
草原老鹳草“五月花”
老鹳草“圣奥拉”
欧洲异燕麦
臭嚏根草
杂色嚏根草
欧亚香花芥“玉万重”
马其顿川续断
火炬花“碧玉”
火炬花“茶色国王”
紫花野芝麻“银色灯塔”
大滨菊
裂瓣兰
阔叶补血草
地杨梅
金叶地杨梅
皱叶剪秋罗
毛剪秋罗“阿尔巴”
麝香锦葵
小穗臭草
中华芒草
总花猫薄荷
长果月见草
牛至草
东方罂粟“哥利亚”
红花钓种柳
分药花“蓝塔”
俄罗斯糙苏
黄花九轮草
欧洲报春
欧洲白头翁
宿根鼠尾草
蓝盆花
景天“乔斯·奥博金”
景天“醋栗傻瓜”
秋禾草
亮蓝禾
流苏蝇子草
白玉草
豚鼻花
棉毛水苏
银斑百里香

黄水枝“春之交响曲”
艳丽郁金香“火枪手”
土耳其郁金香
柳叶马鞭草
小蔓长春花
拉马克唐棣
垂枝桦
糙皮桦
山茱萸
欧洲卫矛“红瀑布”
金丝桃“西德科特”
十大功劳“冬日”
山梅花“美丽五角星”
伏毛金露梅
桂樱“奥托·卢肯”
桂樱“落日大道”
接骨木“黑美人”
荚蒾花“黎明”

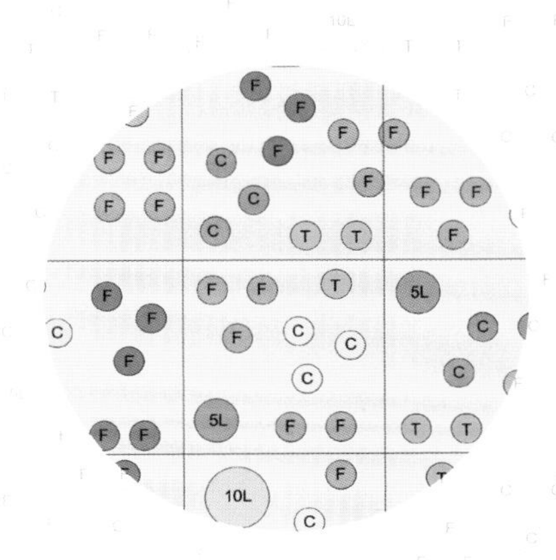

种植组合

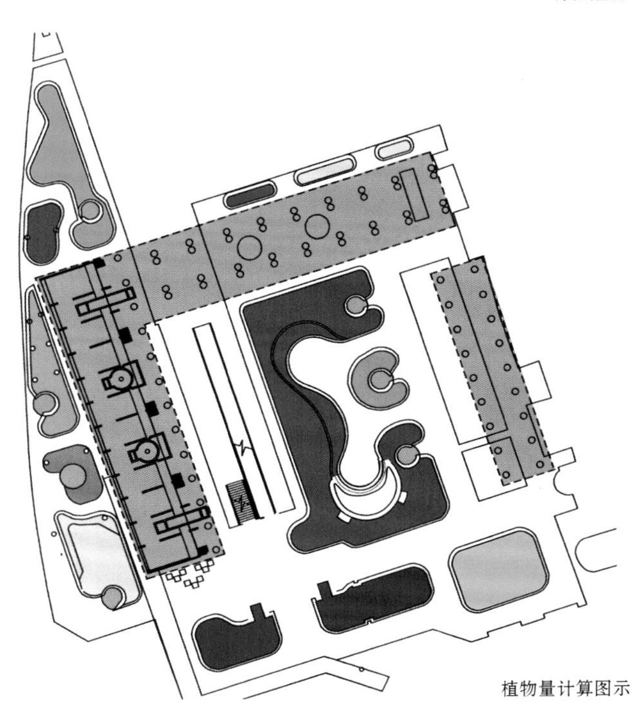
植物量计算图示

湖泊手绘平面图

设计理念是创造出连绵的“色彩波浪”，从春到秋，随着新的植物层不断出现，取代开花较早的、褪了色的植物，变换的“色彩波浪”呈现在由禾本植物和多年生植物构成的常绿背景中。一个时间段内的“色彩波浪”由两到三种植物组成，在整片区域重复使用这两三种植物，以取得大面积的、令人过目难忘的视觉效果，而具体到某一点上，植物的混种和组合也能带来愉悦的观赏体验。设计实现了景色的不断变换，在不变的大型植物构成的结构框架背景下，和谐而统一。

总的说来，新方案使水的使用减少了70%。植物所需的总的养护时间并没有增加，虽然新的植物布置比起过去要复杂很多。约20名居民组成了新的养护小组，他们每周与专职园丁一起工作，帮助花园的日常维护，也会做一些专职养护团队没有精力完成的“园艺美化”的细节工作。

剖面图

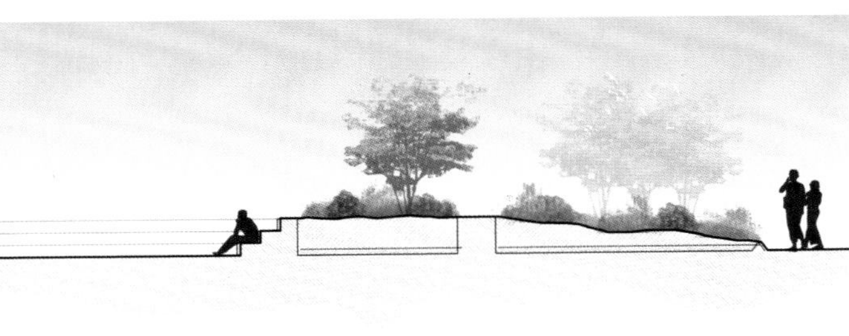

剖面图 1

剖面图 2

剖面图 3

**景观设计：**沃豪斯建筑事务所（Wowhaus Architecture Bureau）

**绿化设计：**AC 建筑事务所（Alphabet City）/ 安娜·安德烈耶娃（Anna Andreeva）

**摄影：**安德烈·雷西科夫（Andrey Lysikov）、鲍里斯·孔达科夫（Boris Kondakov）　　**面积：**45，000 平方米　　**多年生草甸：**5000 平方米

俄罗斯，莫斯科

# 克里姆斯卡亚堤岸景观

*设计在地形地貌上做了改动，增添了情趣。植物配置主要采用蓝沼草和发草两个品种，搭配多种多年生植物、鳞茎类植物和禾本植物，随着季节的变换，形成色彩斑斓的花海。*

莫斯科的克里姆斯卡亚堤岸（Krymskaya），从前的环境不甚美观，经过新的绿化设计，整个环境焕然一新。堤岸沿莫斯科河绵延 1000 米，距克里姆林宫步行 20 分钟的距离。

从前繁忙的公路 2013 年起已经封闭禁行，如今变成了专供行人和自行车通行的步道，除了丰富的绿化之外，还在特列季亚科夫美术馆（Tretyakov Gallery）对面新增了一大片无边界喷泉。

用地原本平坦，设计在地形地貌上做了改动，增添了情趣。野苹果树林、茂盛的野生草甸、绿油油的草坪……地貌丰富多变。

新增的野生草甸种植多年生植物，是莫斯科第一个市区大型人造草甸，由安娜·安德烈耶娃（Anna Andreeva）操刀设计。一年前，这位设计师刚刚在这个片区设计了莫斯科第一片草甸。

植物配置主要采用蓝沼草和发草两个品种，搭配多种多年生植物、鳞茎类植物和禾本植物。设计师选用了这两个品种的多个杂交变种，主要是因为这两个品种植株对称、美观，生长周期长，能够一直生长至冬季。春季，发草最先开始生长，通常是在四月（有时是三月）积雪融化后的四天内。蓝沼草要晚一些，五月开始生长，但其花序可持续整个冬季，直至次年春天。

春季在三月末或四月初，随着番红花的生长而开启。随后，野生郁金香（如考夫曼郁金香、格里郁金香等）开始生长，很快就在五月和六月形成一片色彩斑斓的花海，其中包括林荫鼠尾草、草地鼠尾草等。

**多年生植物 + 禾本植物：**
杂交银莲花“帕米娜”
欧白芷
欧洲耧斗菜“红宝石港”
丛枝紫菀“布莱格拉古”
丛枝紫菀“珍妮”
丛枝紫菀“基彭伯格教授”
落新妇“蒙哥马利”
大星芹“罗马”
大星芹“红宝石婚礼”
杂交拂子茅“卡尔·弗斯特”
宽叶拂子茅
香樟
甘青铁线莲
轮叶金鸡菊“月光”
金色施氏小穗发草
青铜施氏小穗发草
凯勒里阿魏
喜马拉雅老鹳草
喜马拉雅老鹳草“双桦”
巨根老鹳草
草原老鹳草
堆心雏菊“保罗林纳”
杂交雏菊“鲁宾茨韦格”
杂交萱草（红色）
杂交萱草（淡黄色）
神香草
有髯鸢尾“邓克布劳”
德国鸢尾“迷信”
宿根亚麻
地杨梅
毛剪秋罗
千屈菜“齐格尔布鲁特”
千屈菜“罗伯特”
蓝沼草“伊迪丝·杜兹”
蓝沼草“莫尔赛”
蓝沼草“龙须菜”
杂交马薄荷（粉色、淡紫色）
杂交马薄荷“雅各布·克莱因”
杂交荆芥“粉色糖果”
六巨山荆芥
柳枝稷“雷伯朗”
芍药
根福禄考“蓝色天堂”
抱茎蓼“红枫”
林荫鼠尾草“紫水晶”
林荫鼠尾草“卡拉多纳”
林荫鼠尾草“迈阿切特”
林荫鼠尾草“东弗里斯兰”
草地鼠尾草
轮叶鼠尾草“紫雨”
超级鼠尾草“蓝山”
地榆
八宝景天“主妇”
唐松草
金莲花“雪花石膏”
草本威灵仙

**鳞茎类植物：**
大绒球葱“紫色惊艳”
圆头韭葱
波斯葱“珠峰”
番红花
网状鸢尾
格里郁金香
考夫曼郁金香

**一年生植物：**
柳叶马鞭草

**乔木：**
茶条槭
山楂树

胡桃楸

海棠“高峰”

少裂叶海棠“布劳沃美人”

合花楸“奥林匹克火焰”

欧洲椴“帕利达”

灌木：

玫瑰

马亚克柳

巧玲花“金小姐”

植物配置手绘图

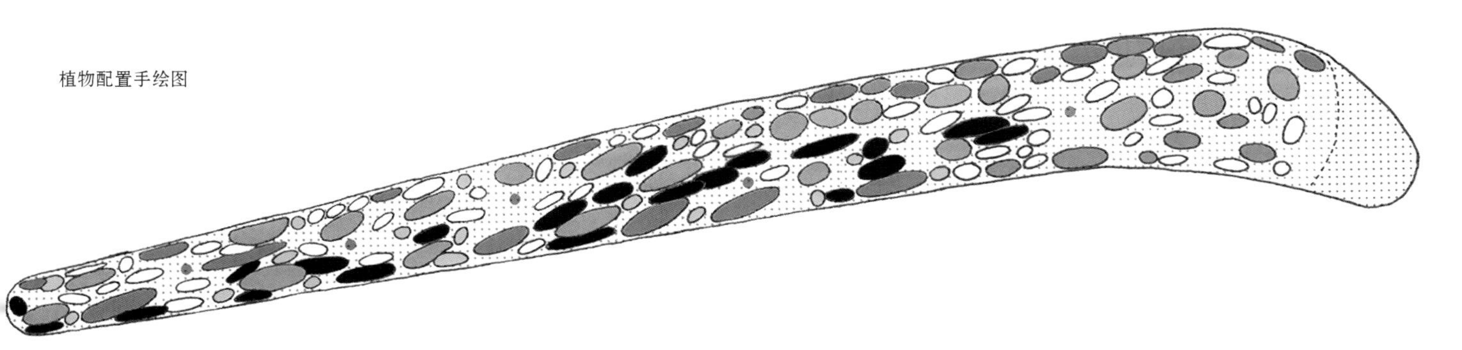

这些植物种植在山丘交汇处，方便强化鼠尾草花海的观赏效果。鼠尾草是适合在莫斯科气候条件下生长的、色彩最明艳的多年生植物，深受游客欢迎，尽管常常被误认作薰衣草。鼠尾草在乡间并不常见，因为其生长条件对排水要求较高，莫斯科大部分地区都无法满足。但是本案中经过重新规划的地形却为鼠尾草的生长提供了完美的条件，包括其他耐旱草甸植物和草原多年生植物，如德国鸢尾、荆芥等。

堤坝上只种植少量灌木，主要有玫瑰，因为玫瑰花期长，芳香宜人，赏心悦目。还有产自英国普雷斯顿的杂交丁香，以及俄罗斯本土培育的灌木马亚克柳。这种灌木每年春季修剪成 1.2 米宽 ×1.2 米高的造型，枝条从橄榄绿逐渐变成冬季的橙红色。

**设计单位：** 亚当·伍德拉夫景观事务所（Adam Woodruff + Associates）

**主持设计：** 亚当·伍德拉夫（Adam Woodruff）

**摄影：**亚当·伍德拉夫（Adam Woodruff）　　**面积：**2050平方米

**美国，伊利诺伊州，吉拉德**

# 琼斯路原生态自然花园

*花园结合了原生态景观和园艺景观的特色，以草为花园基础，灌木、多年生植物、本地原生植物、鳞茎类植物都以草地为背景，综合考虑了季节性变化、不同植物花期的接续以及植物生长的持久性和生长周期。*

## 设计师自述：

我尽量让客户接近大自然和周围环境，同时，为他们打造一种丰富的、感性的景观体验。琼斯路花园（Jones Road）就是这样一个案例。

这个项目的委托客户是一对夫妇以及他们已经长大成人的孩子们。他们在这套乡村住宅翻修的过程中找到我来设计房子周围的景观。这是一套两层别墅，坐落在山脊上，俯瞰牧场、森林和小溪。他们希望设计能够从周围的自然环境“借景”，而且不要阻挡欣赏周围景色的视线。我想象了一片大草原环绕着这栋别墅，以草原来丰富原有的牧场风格景观。

房子周围原本以草坪为主，树木很少，有个游泳池，周围是混凝土浇筑的庭院。整个别墅显得与周围环境脱节。别墅后方地势急剧下降，我将一整个小山坡移动过来，将土壤进行填充，实现了大草原的平坦、辽阔的视野。这种大胆的操作改善了环境的美观效果和整体功能。

这个项目是我第一次尝试“多年生植物风格”景观。原景观的植物配置是一种区块式种植风格，借鉴的是荷兰园艺大师皮特·奥多夫（Piet Oudolf）设计的芝加哥卢里花园（Lurie Garden）。后来，随着时间推移，花园里逐渐混杂了多种植物，原来的区块种植变成了背景。

草是构成这个原生态花园的基础，灌木、多年生植物、本地原生植物、鳞茎类植物都以草地为背景。设计综合考虑了景观的季节性变化、不同植物花期的接续以及植物生长的持久性和生长周期。

## 植物列表

刺叶蓟
蓍草“加冕金”
蓍草“月光”
藿香“黑蝰蛇”
匍匐筋骨草“黑扇贝”
柔毛羽衣草
观赏葱“夏日美人”
灰毛紫穗槐
水甘草“蓝冰”
水甘草“蒙大拿中途”
胡氏水甘草
柳叶水甘草
绒毛银莲花
杂交银莲花“奥诺・季柏特”
朝鲜当归
块根马利筋
紫菀“紫球”
长叶紫菀
赝靛“紫烟”
厚叶岩白菜
格兰马草“金发野心”
黄杨“绿色天鹅绒”
尖花拂子茅“卡尔・福斯特”
假荆芥新风轮菜
白棠子树“早紫晶”
凤梨状苔草
宾夕法尼亚州苔草
蓝雪花
圆锥铁线莲
单瓣金鸡菊
轮叶金鸡菊
丛生黄栌“天鹅绒斗篷”
刺菜蓟
紫色达利菊
紫锥菊“奶昔”
紫椎菊“艺术的骄傲”
紫椎菊“葡萄酒”
紫椎菊“椰子青柠”
紫椎菊“基姆的高筒靴”
紫椎菊“皮卡贝拉”
紫椎菊“野生浆果”
紫椎菊“鲁宾斯坦”
紫椎菊“大红宝石”
紫椎菊“白天鹅”
田纳西松果菊“岩顶”
丽色画眉草
芫荽花
紫茎泽兰“克里”
泽兰“小乔”
黄斑泽兰“交易新娘”
大戟“篝火”
红花蚊子草“维纳斯塔”
天竺葵“罗赞尼”
银杏“金秋”
雏菊“狂欢节”
秋花堆心菊“莫尔海姆美人”
雏菊“舞动的火焰”
向日葵“柠檬皇后”
大花萱草“芝加哥阿帕奇”
羊角草“秋日新娘”
木槿“心悸”
木槿“酸梅果酱”
玉簪“蓝色天使”
冠盖绣球
圆锥绣球“聚光灯”
圆锥绣球“小聚光灯”
圆锥绣球“粉红眨眼”
金丝桃
裂叶马兰“蓝星”
火炬花

蛇鞭菊“弗洛里斯坦白”
蛇鞭菊“小鬼”
斑点蛇鞭菊
金叶过路黄
帚枝千屈菜“现代之光”
中国芒“迪克西兰”
中国芒“马来帕斯”
中国芒“日本”
莫离草“天空赛车”
莫离草“透明”
香蜂草“总指挥”
香蜂草
紫花猫薄荷
光叶牛至“赫伦豪森”
柳枝稷“北风”
柳枝稷“谢南多厄”
地锦
狼尾草“海默”
狼尾草“小猪”
钓钟柳“黑塔”
滨藜叶分药花
滨藜叶分药花“小尖顶”
宿根福禄考“亮眼”
宿根福禄考“大卫”
宿根福禄考“珍娜”
宿根福禄考“罗伯特·波尔”
紫叶风箱果
欧洲云杉
塞尔维亚云杉
山薄荷
火炬树
宿根金光菊“金色风暴”
大金光菊
香金光菊“亨利·艾勒”
香金光菊“小亨利”
欧李
宿根鼠尾草“迈阿切特”
宿根鼠尾草“韦斯威”
地榆“红雷”
小白花地榆
北美小须芒草“旋转木马”
北美小须芒草“蓝调”
景天“秋意”
反曲景天“安吉丽娜”
秋沼草
罗盘草
大叶黄花
草原鼠尾粟
草原鼠尾粟“塔拉”
棉毛水苏
药水苏“胡默尔”
药水苏“粉红棉花糖”
琉璃菊
菊蒿
红豆杉“矮亮金”
美国香柏
柳叶马鞭草
斑鸠菊“铁蝴蝶”
紫薇“玫瑰”
蝴蝶荚迷
丝兰“金剑”

花园结合了原生态景观和园艺景观的特色，把传粉昆虫、鸟类等野生动物吸引到别墅周围，不知不觉就感觉贴近了大自然。

房主选择了一些青铜和黄铜的雕塑，布置在花园各处。高雅、柔和的造型给景观体验平添了一丝艺术气息，也是花园中一年四季不变的风景。

© 2013 Adam Woodruff + Associates

**设计单位：**丹·皮尔森景观设计工作室（Dan Pearson Studio）

**项目类别：**生态公园

日本，北海道

# 十胜千年森林公园

*本设计的整体宗旨是利用原生态景观让人靠近大自然，尊重大自然，感受到自己对周围环境的责任。整体规划包括洋溢着自然气息的滨河步道、森林小径，以及原生态草甸和山地花园等，植物大都选取的本地多年生植物和具有观赏性的品种。*

北海道的十胜千年森林公园（Tokachi Millennium Forest）是日本十胜每日新闻社（Tokachi Mainichi）开发的一座生态公园。叫“千年公园”是因为这座公园预期持续 1000 年。

丹·皮尔森景观设计工作室（Dan Pearson Studio）负责公园的整体规划，施工监理由当地的高野景观规划公司（Takano Landscape Planning）负责，后者在施工过程中也给予了一定的意见和帮助。

先进的城市化进程让日本的公共环境与自然之间呈现出一种不和谐的关系。本案的整体宗旨就是利用景观进行公众的环保宣传普及，让游客靠近大自然，尊重大自然，感受到自己对周围环境的责任。因此，景观要不仅能远观，而且能近赏，人与景观互动，要有能让游客开展各种户外活动的空间。

整体规划包括一条洋溢着自然气息的滨河步道、一条森林小径、一条艺术小径、原生态草甸、一座农业园、若干花园等，要让公园中的酒店、餐厅、游客中心和停车场等设施融入景观环境。

公园入口的“林地花园”是游客瞥见园内的自然世界的第一扇门。一条步道引导游客穿过“林地”——所谓的林地是一片野花——来到小溪边，小溪上有一条之字形木栈道，让游客近距离感受潺潺流水。两边都是广袤的原野，视野开阔，牛、羊等家畜更增添了一种牧场的悠然闲适之感，把视线引向北面树木丛生的群山。

“草甸花园”里种植了 3.5 万株植物，形成一系列植物矩阵。其中大部分是日本当地的观赏性植物品种。设计目标是打造一种鲜明的“自然主义”风格，让游客熟悉周围的原生态景观的感觉，进而愿意冒险去更远的地方。

**乔木：**

日本白桦

连香树

山茱萸

皱叶木兰

日本厚朴木兰

圆叶玉兰

三裂叶海棠

梅树

栎树（当地品种）

白柳

七灶花楸

红山紫茎

**灌木：**

楤木

少花蜡瓣花

吊钟花

毛脉西南卫矛

日本金缕梅

八仙花

圆锥八仙花

巨腕八仙花

山松

杜鹃

紫叶蔷薇

常绿蔷薇

扁刺峨眉蔷薇

玫瑰

高丛珍珠梅

早春旌节花

**禾本植物：**

尖花拂子茅“卡尔·弗斯特”

小盼草

小穗发草

金知风草

中国芒

班叶芒

“九号云”柳枝稷

“重金属”柳枝稷

粉穗狼尾草

**多年生植物：**

皇冠蓍草

类叶升麻

心叶升麻

单叶升麻

藿香

柔毛羽衣草

柳叶水甘草

杂交银莲花"奥诺·季柏特"

银莲花“麦当娜”

朝鲜当归

黄花耧斗菜“黄星”

贵州青蒿

假升麻

细叶假升麻

假升麻“金龟子”

沼泽马利筋“灵魂伴侣”

单叶落新妇

童氏落新妇

大星芹

血红大星芹

蓝花赝靛

野靛

心叶牛舌草

紫斑风铃草“彻丽贝尔”

黄花蝇毒草

紫花溪畔蓟

铃兰

日本铃兰

轮叶金鸡菊“萨格勒布”

加拿大山茱萸

卡特西亚石竹

白花苜蓿

锈点毛地黄

黄花毛地黄

东方多榔菊“华丽”

紫椎菊“热夏”

厚叶刺芹

紫苞泽兰
白蛇根草
大戟“火光”
白花紫菀
大叶紫菀“暮色”
绣线菊草
香车叶草
紫叶山桃草
暗花老鹳草“萨摩堡”
老鹳草“帕特丽夏”
红花老鹳草
阔叶美吐根
柳叶向日葵
东方圣诞玫瑰
柠檬萱草
小萱草
羊角草
蕺菜
金脉鸢尾“黑骑士”
溪荪鸢尾
巴西鸢尾“杰拉尔德 · 达比”
黄山梅
马其顿川续断
欧当归
草原矮百合
黄花雏菊
金百合
豹斑百合
杂种补血草
珍珠草
舞鹤草
荚果蕨
外高加索荆芥“深蓝”
光叶牛至“赫恩豪森”
富贵草
草芍药
金芍药
芍药“巴克艾美人”
芍药“斯嘉丽”
野蓝草
抱茎蓼“阿尔巴”
抱茎蓼“山羊毛”
多态蓼
弗吉尼亚蓼
轮叶前胡
宿根福禄考“大卫”
花葱“紫雨”
玉竹
金露梅
尼泊尔委陵菜“威尔莫特小姐”
肺草“北极光”
紫叶筋骨草“青铜美人”
全缘金光菊
林荫鼠尾草“卡拉多纳”
白花地榆
鹤滨地榆
地榆“红雷”
小白花地榆
柳杉
棉毛水苏
草原紫菀
穗杯花
唐松草
偏翅唐松草
重瓣偏翅唐松草
黄唐松草
唐松草“艾琳”
黄水枝“甜心辣妹”
紫露草“紫顶”
紫露草“纯真”
杂交油点草“托根”
硬毛油点草
正白花延龄草
杂交金莲花“金黄女王”
缬草
藜芦
束状斑鸠菊
日本紫薇

“山地花园”是个大型土方工程，山脚下的地势高低起伏，是人造花园与周围自然景观之间的一道保护屏障。这里有游客中心和咖啡厅。游客从起伏的地势上走过时，能欣赏周围山脉的景色，使人不自觉联想到自然的山脉与他们脚下的人工土方工程造型上的一致。离开这个地貌环境后，游客会看到各种有色植物构成的“植被彩带”，都是本地原生多年生植物，从一片原野上向外延伸，在山脚下进入林地。

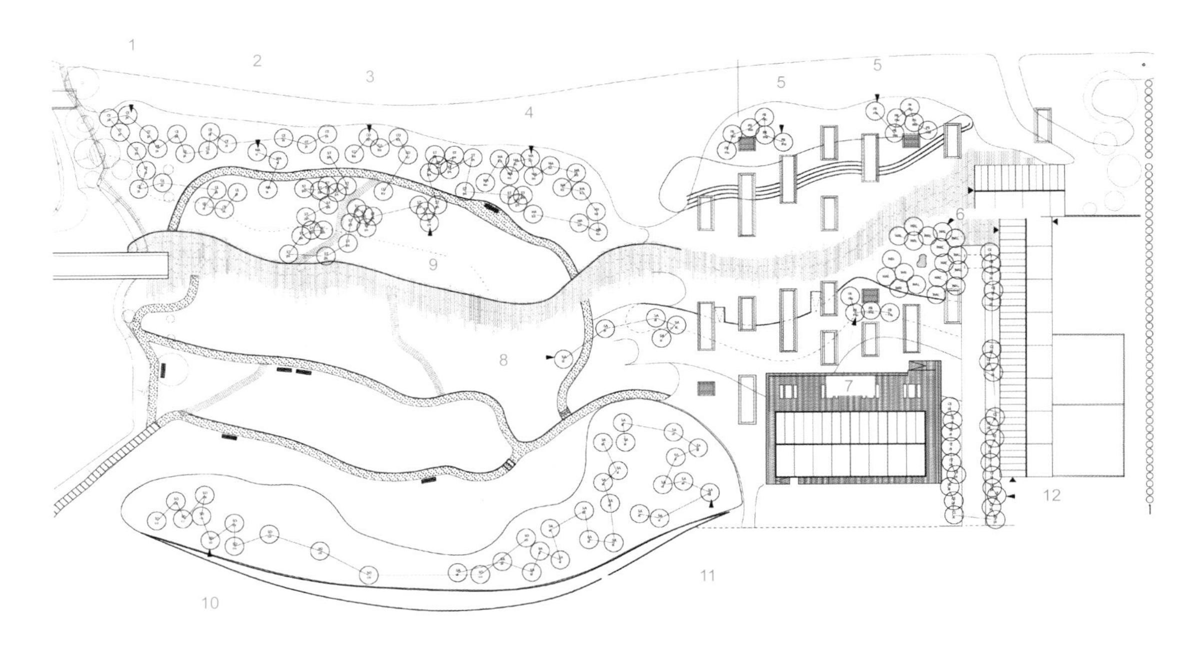


乔木布置平面图
1. 连香树（21 棵）
2. 圆叶玉兰（3 棵）
3. 山茱萸（6 棵）
4. 皱叶木兰（14 棵）
5. 梅树（6 棵）
6. 三裂叶海棠（18 棵）
7. 梅树（4 棵）
8. 白柳（5 棵）
9. 七灶花楸（33 棵）
10. 红山紫茎（13 棵）
11. 白柳（23 棵）
12. 连香树（27 棵）

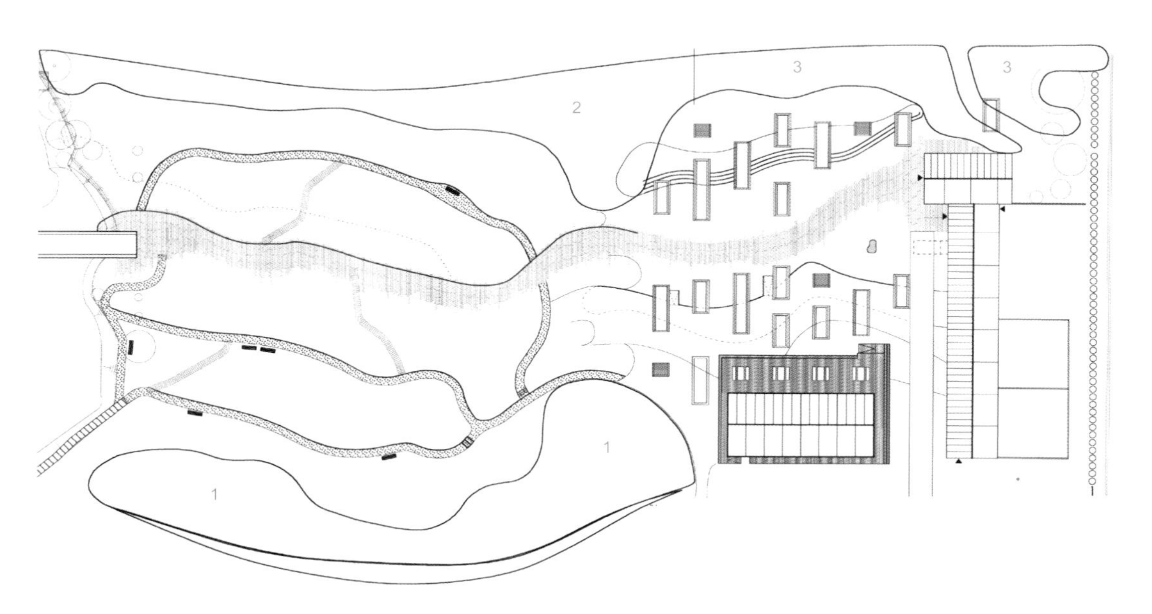


灌木种植区位置
1. 灌木布置 A
2. 灌木布置 B
3. 灌木布置 C

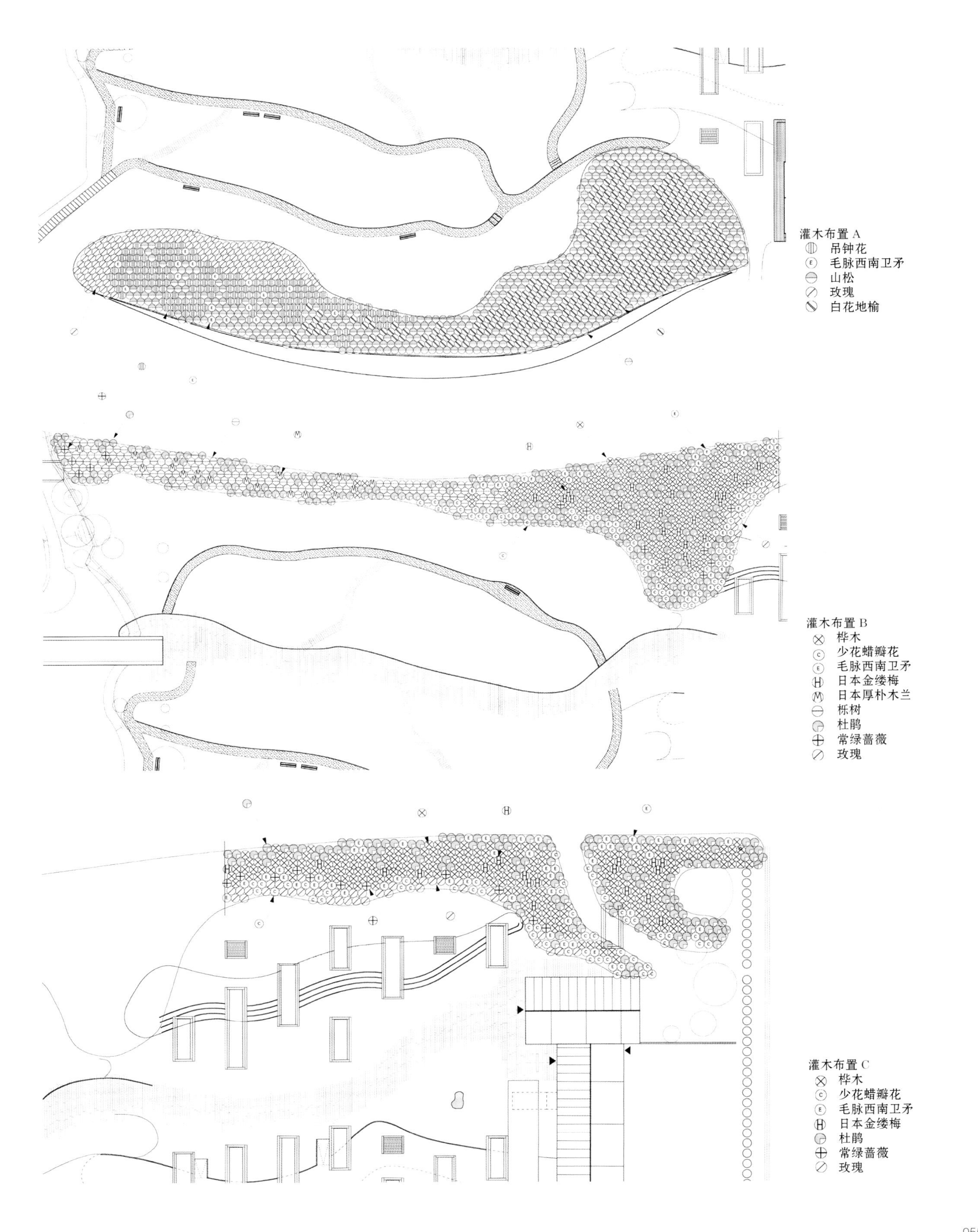
灌木布置 A
吊钟花
毛脉西南卫矛
山松
玫瑰
白花地榆
灌木布置 B
桦木
少花蜡瓣花
毛脉西南卫矛
日本金缕梅
日本厚朴木兰
栎树
杜鹃
常绿蔷薇
玫瑰
灌木布置 C
桦木
少花蜡瓣花
毛脉西南卫矛
日本金缕梅
杜鹃
常绿蔷薇
玫瑰

多年生植物布置 A

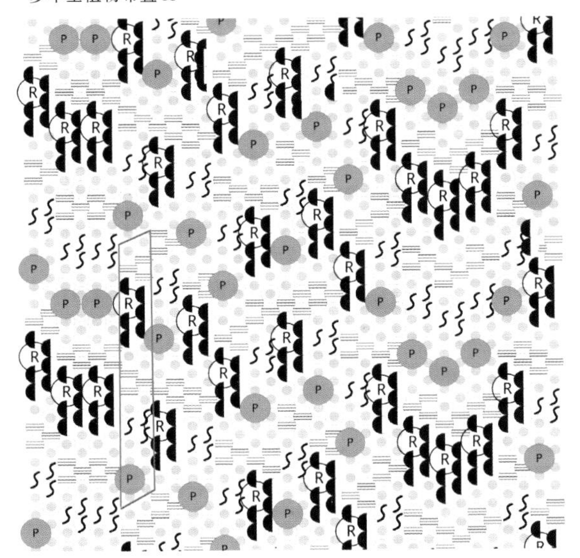

白木紫菀

美类叶升麻

大戟"火光"

紫叶筋骨草"青铜美人"

小白花地榆

草芍药 60% + 金芍药 40%

多年生植物布置 B

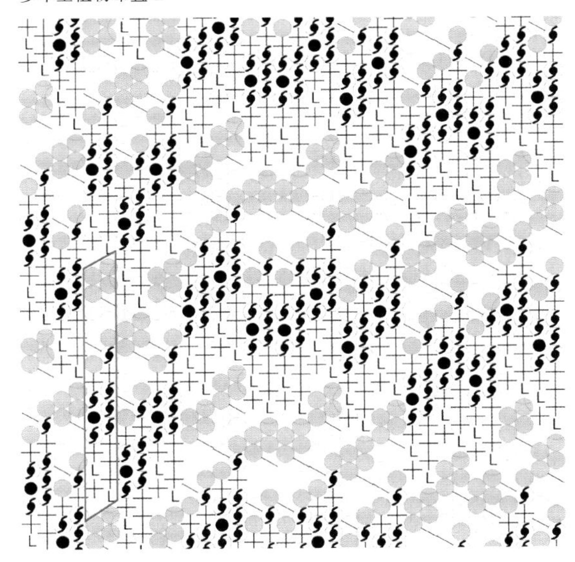

柔毛羽衣草

萱草

欧当归

黄花雏菊

全缘金光菊

白花地榆

野决明

多年生植物布置 C

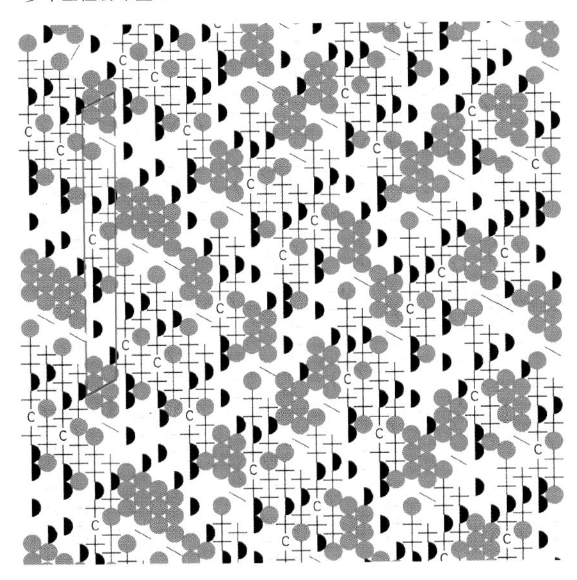

黄花蝇毒草

轮叶金鸡菊"萨格勒布"

萱草

全缘金光菊

黄唐松草

野决明

多年生植物布置 D

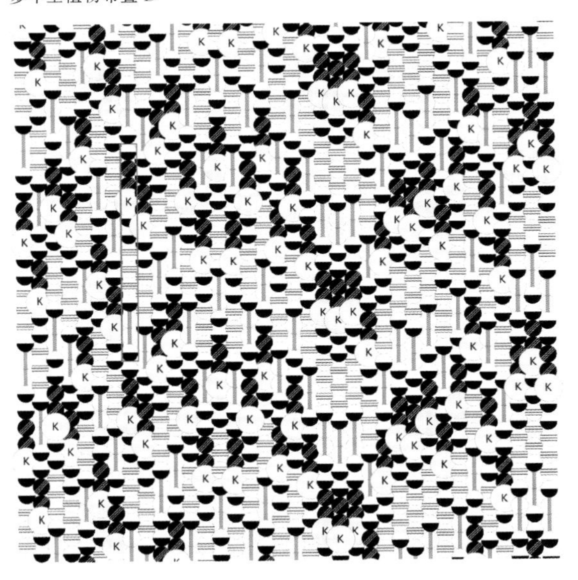

单穗升麻

香车叶草

暗花老鹳草"萨摩堡"

黄山梅

玉竹

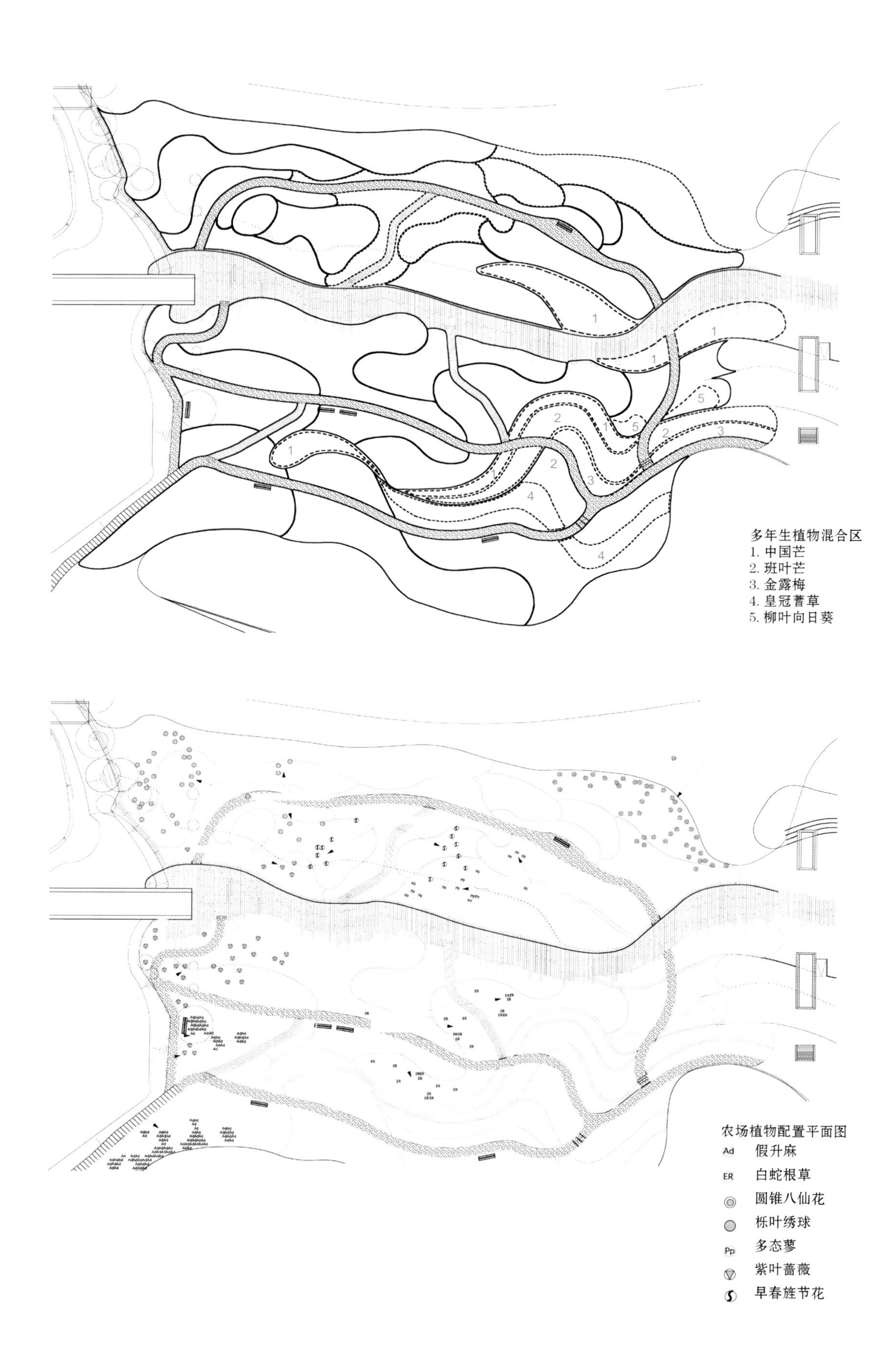
多年生植物混合区
1. 中国芒
2. 班叶芒
3. 金露梅
4. 皇冠蓍草
5. 柳叶向日葵
农场植物配置平面图
Ad 假升麻
ER 白蛇根草
圆锥八仙花
栎叶绣球
Pp 多态蓼
紫叶蔷薇
早春旌节花

**设计单位：**表面设计（Surfacedesign, Inc.）

**合作设计：**菲尔德建筑事务所（Field Architects）、德克斯特景观设计（Dexter Landscape）

**摄影：** 马里恩·布伦纳（Marion Brenner）　　**面积：** 1公顷

美国，加利福尼亚州，圣赫勒拿

# 圣赫勒拿私人住宅景观

*设计中选取了茂盛的多年生植物，并带来一年四季的景色变化。各个品种的花相继开放，早春有荆芥花和小兔草，夏季有藿香、分药花、薰衣草和山桃草。“月亮花园”中的白色薰衣草和洋地黄营造出宁静的氛围。*

本案是位于圣赫勒拿的一栋私人住宅，坐落在加州最古老的馨芳葡萄酒庄园，在周围的葡萄藤的掩映下，风景延伸到房子里，浓浓的生活气息也从屋里蔓延到户外花园里。一条砾石铺设的车道直通住宅入口，车道两边种植了橄榄树，住宅入口处种植了橡树，跟原有的一棵古老的橡树相呼应。这棵古树决定了用地的方向感，划定了一条中心轴线，轴线上有主体住宅、水池，然后穿过葡萄园，最后是谷仓。茂盛的多年生植物构成了古树的背景，并带来一年四季的景色变化：荆芥花和小兔草早春开花，然后是带来缤纷的夏季色彩的藿香、分药花、薰衣草和山桃草。

房子入口处是一条柚木门廊，门廊前的小花园名为“月亮花园”，园中有许多白色花朵，夜晚反射淡淡的月光，白天则营造出一个宁静的环境。白色的洋地黄的尖顶形植株点缀在栀子花和毛茛花之中。淡淡的白色薰衣草和山桃草作为背景植物，衬托着开花季节中的银莲花和玫瑰。

在住宅内行走时，能够透过窗子看到近处的多年生植物，也可以把目光投向远方的葡萄园和小山。庭院里有池塘，还有一棵高大的古老的橡树，柚木平台和石材铺装的天井中的比较低矮的梓柳与之呼应。庭院里有一个迷你小花园，里面种植了香橙和薄荷。池塘旁边是一个稍大一些的花园，软化了池塘边缘的冷硬线条，花园中种植多年生植物，与葡萄园连成一体，把蝴蝶和蜂鸟吸引到池塘边来。

植物列表

**月亮花园：**

欧蓍草

薰衣草“阿尔巴”

“冰山”玫瑰

栀子

日本银莲花

东方狼尾草“小兔草”

白色洋地黄

白色毛蕊花

紫锥菊“白天鹅”

白色山桃草

岩蔷薇

银旋花

白花百里香

**橡树花园：**

欧蓍草

球头葱

紫椎菊

茴藿香

块茎猫薄荷

滨藜叶分药花

紫苏

格兰马草

刺苞菜蓟

拂子茅

白色山桃草

矢车菊

秋酸沼草

东方狼尾草“小兔草”

薰衣草“普罗旺斯”

岩蔷薇

铺地百里香

白花百里香

梓柳

白栎

北美鹅掌楸

榉树

**鸡尾酒花园：**

青柠

柑橘柠

中国柑橘

杂色薄荷

洋薄荷

绿薄荷

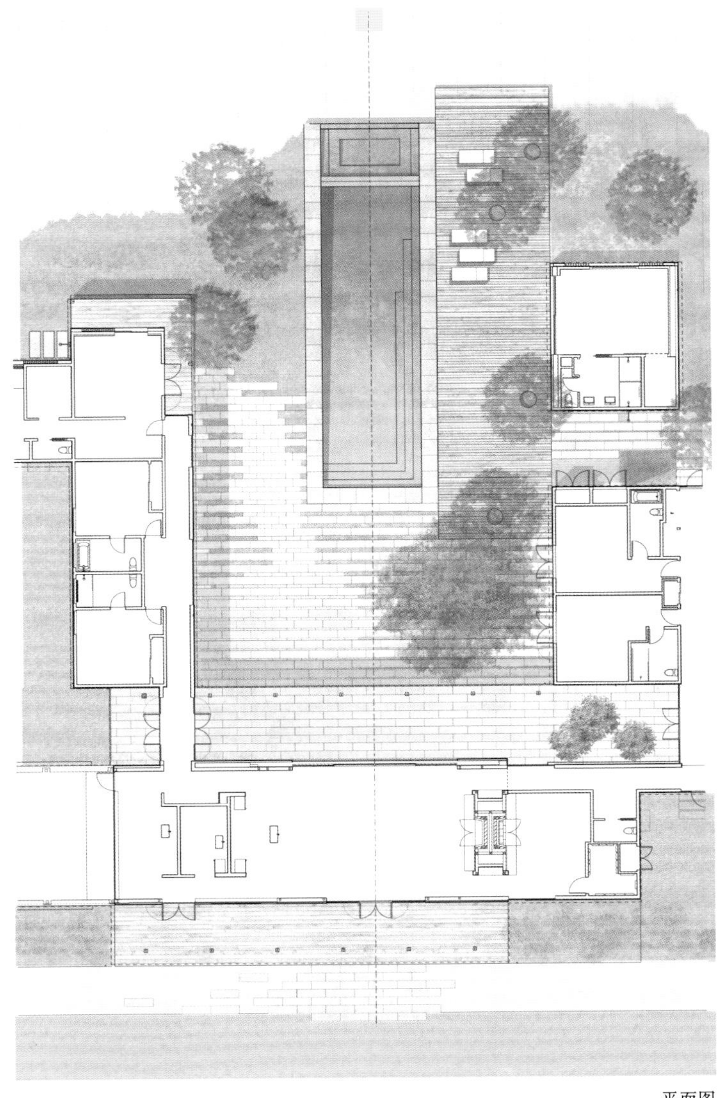

平面图

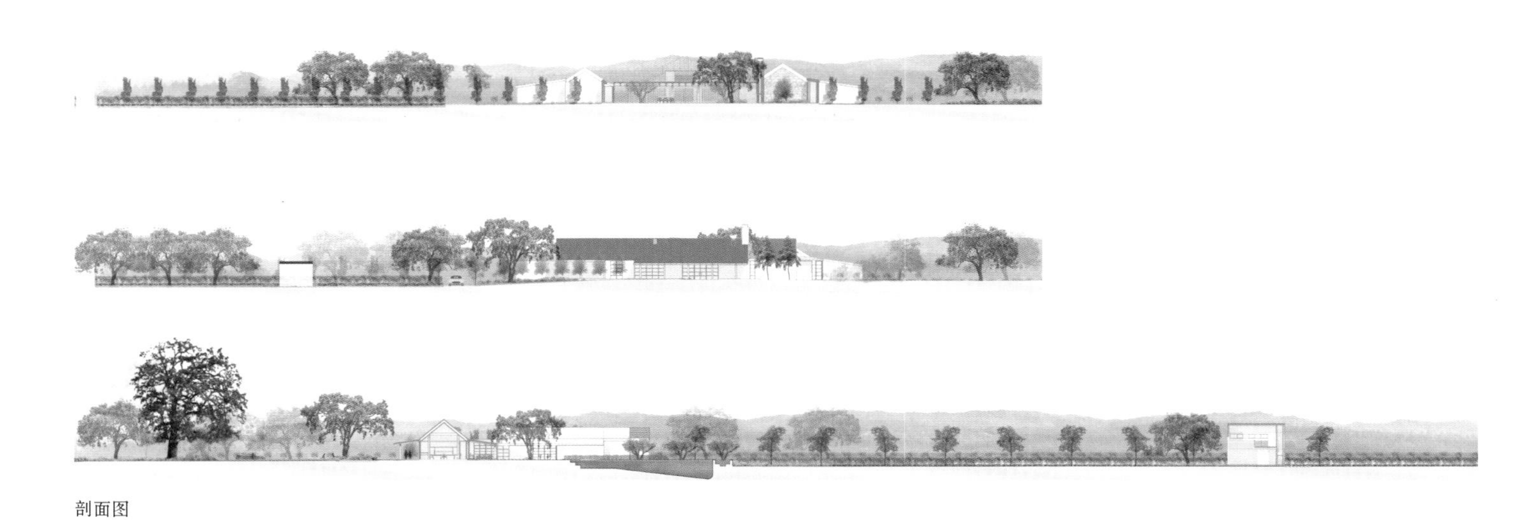
剖面图

**设计单位：**表面设计（Surfacedesign, Inc.）、安德烈·佩雷斯（Andr é s P é rez）　　**合作设计：**OKA 建筑事务所（Olson Kundig Architects）

**摄影：** 马里恩·布伦纳（Marion Brenner）　　**面积：** 1.2 公顷

美国，加利福尼亚州，伍德赛德

# 伍德赛德私人住宅景观

*果园里有一排排低矮的橄榄树树篱和薰衣草，庭院里有异国风情的多肉植物，草甸中种了多年生植物，植物采用流线型布置，从适合干燥植物生长的“山顶”蜿蜒而下，进入“山谷”，“山谷”中聚集了雨水径流，为更繁茂的绿色自然景观提供了生长环境。*

本案位于加利福尼亚州的一个名叫伍德赛德的小镇，坐落在圣卡拉谷（Santa Cara Valley）的橡树大草原和圣克鲁斯山脉（Santa Cruz Mountains）的红杉林之间的坡地上，周围植被繁茂。用地面积约 1.2 公顷。住宅完美融入周围环境中。由于地形高低起伏，本案的主要挑战之一是如何将主体房屋和附属建筑融入自然地形。通过对用地坡度和地形的细致解读，设计师打造了一系列精心设计的楼梯、平台和围墙，整合在一起，为室外环境设计的各种要求创建了必要的背景条件。

住宅毗邻街道和马道，中间用加州本地原生的树木和灌木进行隔离。主入口处则是现代的地中海植被景观，吸引住户和访客进入前院。一条蜿蜒的小径开启了进门后的体验，小径穿过古老的橄榄树果园，其中种植的橄榄树源自南加州的橄榄园。果园里有一排排低矮的橄榄树树篱和薰衣草。入口车道通往一座庭院，位于住宅主入口旁边，庭院里有异国风情的多肉植物，造型别致极具观赏性。车道两边有绿化小巷，掩映着通向后院的入口。

后院是会经常使用的户外空间，有取暖的火堆和镜面一般的无边界泳池，远处是梯田式葡萄园，所以后院是全家聚会的重要空间。为实现地面与无边界泳池的过渡和衔接，设计师采用了一面挡土墙，巧妙地处理了坡度的变化，同时也划定了不同的植栽区域。挡土墙相当于一条边界，边界以内，是建筑室内空间的延伸，这个区域将私人空间和公共空间分开，栽种了多年生植物，形成一片茂盛的草甸，数条小径蜿蜒其中。

草甸下的地形起伏多变，原本就极具特色，同时与周围起伏的山脉无缝融合。种植上草甸之后，还规划了一条排水草沟，其中种植各种各样的地中海植被，从亲水植物到耐旱植物，以常绿小灌木和开花的多年生植物为主，其他植物也都是能适应草沟潮湿的生态环境的品种。植物采用流线型布置，从适合干燥植物生

植物列表

**入口区：**

洋橄榄树“小奥利”

牛乳藤“霍华德·麦克明”

拂子茅“卡尔·弗斯特”

狼尾草

马鞭草“棒棒糖”

小叶海茵芋

**橄榄园：**

洋橄榄树

洋橄榄树“小奥利”

薰衣草

**多年生亲水植物（草甸）：**

大针茅

刺苞菜蓟

蓍草“苹果花”

紫景天“马特罗纳”和“秋悦”

灯心草“石英溪”

西伯利亚鸢尾“天翼”

西伯利亚鸢尾“凯撒兄弟”

林荫鼠尾草“卡拉多娜”

紫锥菊“马格努斯”

紫金莲

紫菀“蒙奇”

茴藿香“热浪”

银旋花

山桃草

滨藜叶分药花

一年蓬

斯氏岩蔷薇

粉黛乱子草

柳叶马鞭草

多叶加利福尼亚荞麦

红花山桃草

白花鼠尾草

加州树罂粟

红辣椒千叶蓍

银蒿“鲍威斯城堡”

格兰马草“金发雄心”

画眉草“风舞者”

结缕草

北美小须芒草“布鲁斯”

**加州原生植物（草甸边缘）：**

野荞麦

冬凌草

加利福尼亚荞麦“华莱纳·莱特”

鼠李“扬基”

白花鼠尾草

红血藤

加州树罂粟

长的“山顶”蜿蜒而下，进入“山谷”，“山谷”中聚集了雨水径流，为更繁茂的绿色自然景观提供了生长环境。草甸中有一条蜿蜒曲折的小路，沿路有一系列适合观赏风景的地点，不论一年四季的任何时间，都能带来完美的景观体验。用地四周种植绿化带，采用本地多年生植物和常绿灌木，在住宅周围形成一道绿色屏障，实现了周围自然景观与住宅人工造景的无缝衔接。

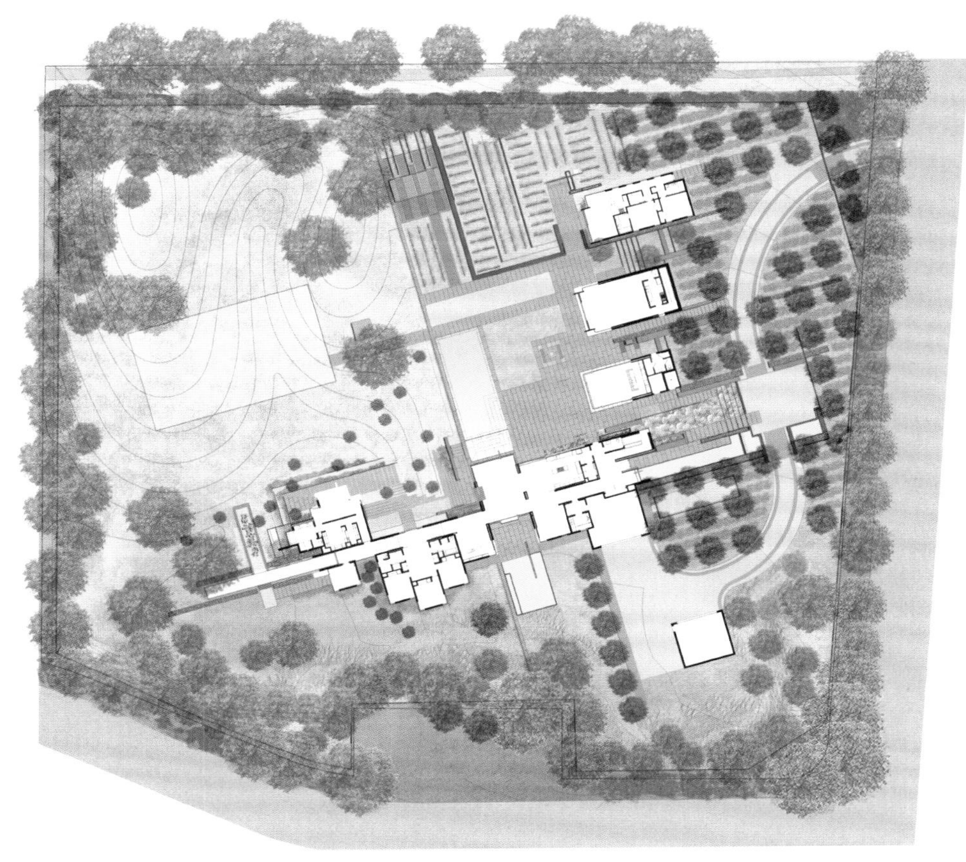

入口植栽手绘

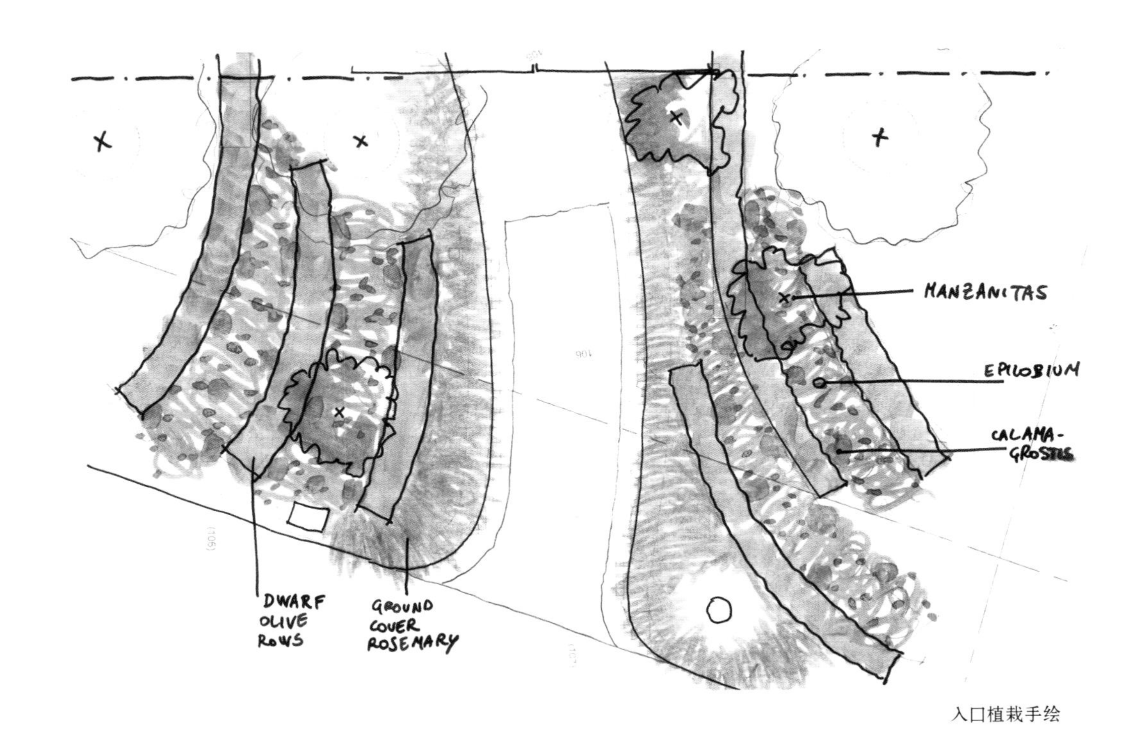


入口植栽手绘

草甸

植栽配置色彩手绘

**景观设计：**汤·穆勒（Ton Muller）、安妮·尼温修维斯（Anne Nieuwenhuijs）、克里米·施耐德（Climmy Schneider）

**摄影**：汤·穆勒　　**项目面积**：6200 平方米　　**植物配置面积**：3000 平方米

荷兰，阿姆斯特丹

# 贝多芬城市花园

*本案的植栽设计是实验性质的，由三种“种植组合”组成。每一个组合基本包含同样的植物品种和数量。整体景观设计是通过这三种组合的组织和布局来完成的。不同的植物混合搭配，使景观全年都有看点。*

贝多芬城市花园（City Garden Beethoven）位于荷兰阿姆斯特丹的贝多芬街，这里是市区最繁华的商业区南阿克西斯区（Zuidas）。这个商业区不光是在阿姆斯特丹市，就是在整个荷兰，也算得上建筑最为密集的商业区之一。

这座城市花园周围有办公楼，有高中学校，未来还会有两栋住宅楼（拟建）。

## 设计

城市花园形成了一个过渡区域，将南阿克西斯区的核心区和历史悠久的碧翠斯公园（Beatrixpark）的绿地衔接起来。花园公共空间的很大一部分位于地下停车场的顶部。这个空间有两个主要功能：首先，是建筑物的入口区域和自行车通行空间。其次，也是一个周围居民和附近员工享受户外休闲的地方。高大的树木，如黑核桃木和臭椿，生长在建筑物之间，具有防风的作用。

南部是由灌木、多年生植物、观赏植物和鳞茎类植物组成的多彩景观。这个区域的核心就是郁郁葱葱的植物，赋予花园特色。在这个绿色空间里，座椅的形式也多种多样。

## 植栽设计

大面积种植多年生植物，是碧翠斯公园的一种延续。不同的植物混合搭配，使景观全年都有看点。早春有鳞茎植物，夏季有多年生植物，秋季和冬季有观赏性植物，形成一道美丽的剪影。

因为地处停车场上方，而且阳光充足，所以主要种植耐旱植物。阳光直射的地方很大，形成一片开阔的草甸，点缀着一些灌木，比如树锦鸡儿和多花木蓝等。

这里就像一片野生的草甸一样，只不过生长的是多年生植物、鳞茎植物和观赏性植物。开花时缤纷夺目，给人一种大自然的感觉，与周围密集的建筑群和高层建筑形成鲜明的对比。

植物列表

**乔木：**

黑核桃木

臭椿

栾树

**灌木：**

多花木蓝

树锦鸡儿

**多年生植物：**

刺齿芋

灰毛紫穗槐

胡氏水甘草

三脉香青

黄日光兰

天青紫菀

涡轮紫菀

香鸢尾

芫荽花

紫锥菊

常绿大戟“黑珍珠”

羊茅“玛丽”

血红老鹳草

萱草“深红海盗”

阔叶补血草

布氏马薄荷

分药花“小塔”

俄罗斯糙苏

块根糙苏“亚马逊”

金光菊“迪米亚”

鼠尾草“紫水晶”

黄花鼠尾草“燃烧的火炬”

蓝绿酸沼草

杂交景天

水苏“胡梅洛”

水苏“蔷薇”

大针茅

软叶丝兰

**鳞茎植物：**

黑蒜

克美莲

篮睡莲

蓝铃花

洋水仙

水仙“无暇”

三蕊水仙“塔利亚”

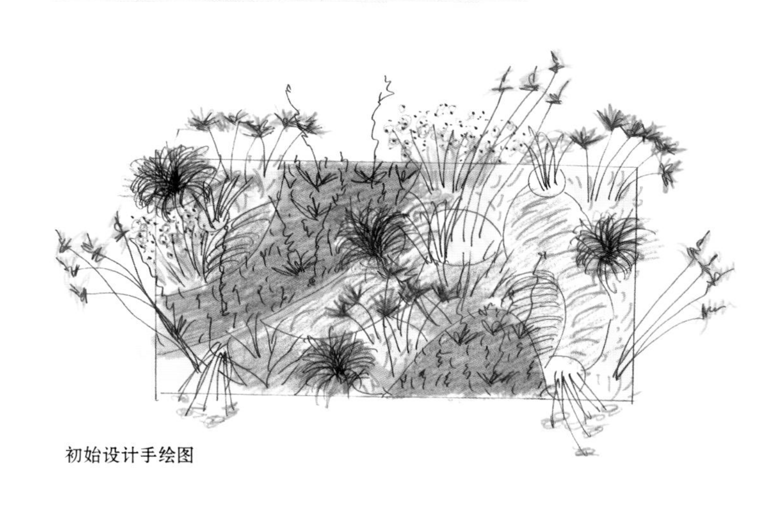

初始设计手绘图

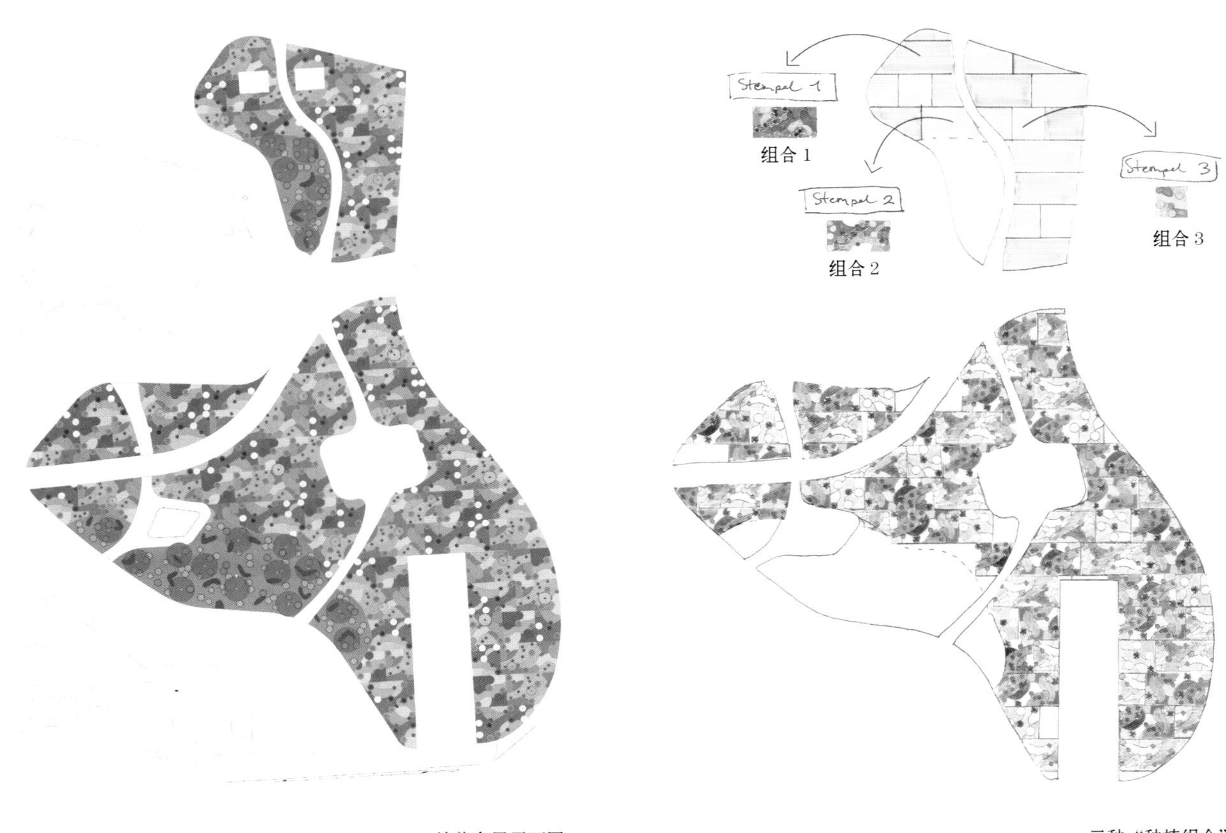


植栽布置平面图

三种“种植组合”

本案的植栽设计是实验性质的，设计师在探索中试图寻找更系统的设计方法。这种系统应该让植物更容易种植和维护，同时景观仍然具有非常贴近大自然的外观效果。

植栽设计由三种“种植组合”组成。每一个组合基本包含同样的植物品种和数量。整体景观设计是通过这三种组合的组织和布局来完成的，其中两个是 10 米 ×5 米，还有一个是 5 米 ×5 米。有些区域，同样的组合重复使用，以便达到预期的景观效果。

每种种植组合包含四个层次：基本植被，结构植被，填充植被，中间植被。

基本植被是蓝绿色色调的常绿植物，主要是蓝绿酸沼草、羊茅、常绿大戟等。结构植被有块根糙苏、软叶丝兰、刺齿芋、分药花等。填充植被有老鹳草和香青。中间植被有俄罗斯糙苏、鼠尾草和杂交景天等。

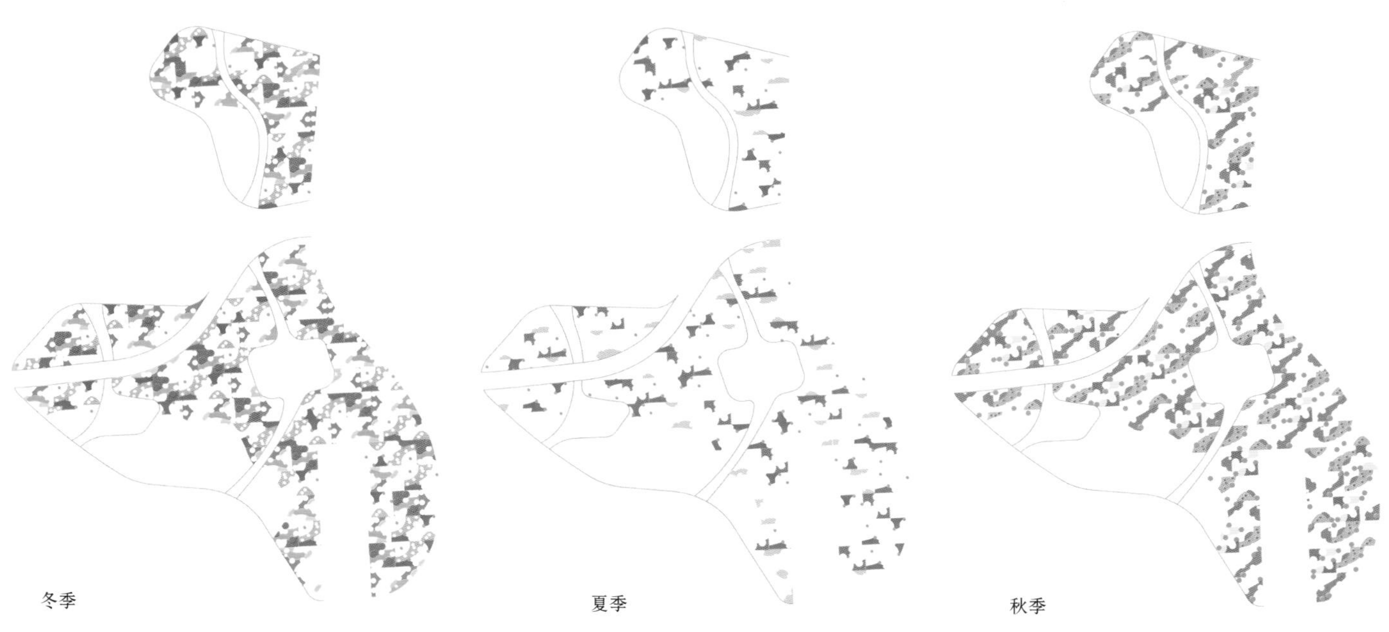
冬季
夏季
秋季

区位效果示意图

大部分植物高度在50到70厘米左右，部分结构植被，如大针茅和芫荽花等，可高达2米。

鳞茎类植物，如水仙、克美莲和葱属植物，也是“种植组合”的一部分，带来春季大面积的绚丽色彩。

花园里有两个面积不大的区域被建筑物遮挡，一天的大部分时间里都处在阴凉的环境条件下。这两个区域种植栾树，形成茂盛的树冠层，下方种植喜阴的多年生植物，如麦冬、苔草、蕨类和冠盖绣球等。

**景观设计：**汤·穆勒（Ton Muller）、安妮·尼温修维斯（Anne Nieuwenhuijs）、克里米·施耐德（Climmy Schneider）

**摄影：**汤·穆勒　　**项目面积：**13，500平方米　　植物配置面积：7500平方米

荷兰，阿姆斯特丹

# 奥利广场公共景观

*植栽设计总体呈现自然的风格，采用开放式景观的形式，植栽配置参照了布雷藤区的本地植物，有助于丰富当地的生物多样性。设计共使用了35种不同品种的草本植物和多年生植物，注重植物色彩的季节性变化。*

奥利广场（Orlyplein）位于阿姆斯特丹西部的斯洛特迪克火车站（Sloterdijk）附近，布雷藤区（Brettenzone）的中部。布雷藤区是阿姆斯特丹的五根“绿色手指”之一，将市中心区与市郊的绿色景观衔接起来。奥利广场坐落在火车站前，从前是一片沥青路面的停车场，现在已经成为可持续的绿色公共空间。

## 设计理念

奥利广场是这个地区的中心。绿化带中遍布蜿蜒的小径，市民可以坐在长椅上，享受阳光。同时也有穿过绿地的直线的道路，保证通行的效率。布置道路的位置是根据旅客进出火车站的行走路线来决定的。设计过程中很巧：当时在阿姆斯特丹下雪，旅客踩踏出来的路线清晰可见。种植区的中间设置两个亭阁，周围有台阶。旅客在广场停留期间可以休闲放松。此外，广场上还有自行车停放区以及进行小型活动的场地。

## 植栽设计

广场上的植栽设计总体呈现自然的风格，将火车站与布雷藤区衔接起来。

植栽设计的出发点是参照布雷藤区的本地植物，例如杨梅、山楂和紫色沼地草等。这些本地植物不仅外观上对游客极具吸引力，而且还能吸引动物，例如兔子、鸟和昆虫等。因此，本项目有助于丰富当地的生物多样性。

小树和蔷薇点缀在种类繁多的观赏植物、多年生植物和鳞茎类植物中间，整体景观看上去就像一片天然的草甸。设计中60%的草本植物采用了观赏植物。

设计采用开放式景观的形式，让车站与周围更广阔的景观之间有着更直接的视觉联系。

**乔木：**

拉马克唐棣

红花山楂

美国皂荚

**灌木：**

紫叶蔷薇

华西蔷薇

**多年生植物与禾本植物：**

刺齿芋

银莲花

水甘草“蓝冰”

胡氏水甘草

柳叶水甘草

黄日光兰

紫菀“黑衣贵妇”

紫菀“小卡洛”

紫菀“鞑靼”

涡轮紫菀

赝靛“韦恩的世界”

赝靛“紫烟”

卡尔拂子茅

拂子茅“卡尔·福斯特”

荆芥叶新风轮菜“蓝云”

莫罗氏苔

三叶金鸡菊

香鸢尾

大戟“罗比亚”

羊茅“玛丽”

老鹳草“迪利斯”

血红老鹳草

堆心菊

黄花菜

裂叶马兰“蓝星”

阔叶补血草

金边阔叶山麦冬“摇钱树”

莫离草“伊迪丝·杜兹”

莫离草“海德布劳特”

莫离草“透明”

罂粟“玛琳”

俄罗斯糙苏

分药花“小塔”

黍草

棕鳞耳蕨

多鳞耳蕨

金光菊“迪米亚”

杂交景天

沼地草

水苏“胡梅洛”

水苏“蔷薇”

紫露草

狐尾三叶草

腹水草

**鳞茎类植物：**

蒜“阁下”

黑蒜

洋水仙

渐变番红花“大红宝石”

福布斯雪光花

蓝条海葱

篮睡莲

蓝铃花

绿植景观一年四季都极具魅力。早春，大约有3万株鳞茎植物开花，如番红花、水仙花、霞花和大蒜等，然后是夏季，多年生植物开始盛放。秋季和冬季，草本植物成为景观的主角。

广场也能经受雨水的考验。部分植被位于高架铁路或停车场上方，因此，设计师设计了一种特殊的保湿地下面板。这种面板使植物能够在深度仅有28厘米的土壤中生长，实现了“可持续种植”，不需要额外浇水。

## 四个植被层

植被由四个层次构成。第一个层次是小树（拉马克唐棣、红花山楂）和蔷薇（紫叶蔷薇、华西蔷薇）。植株较小，不影响广场的开放性。

第二个层次，也就是基础层，是草类植物和多年生植物的混合。共有三种混合形式，在绿化带中交替使用。绿化带基本垂直于火车站。每种混合包含一种观赏性草本植物，搭配两到四种多年生植物。比如，观赏性的莫离草搭配多年生的阔叶补血草、裂叶马兰、黄花菜。

秋季，广场上的植被景观会变成一片赏心悦目的草场，并且一直持续整个冬季。其中，观赏性的草本植物包括莫离草、拂子茅、黍草、沼地草、羊茅等。

在草本植物混合体中，包含着第三个植被层次，以1平方米为单位。这个层次是植被景观中重点突出的部分，有花卉、秋季的彩色叶片或者冬季的植被造型。比如，紫菀、分药花、水甘草等。

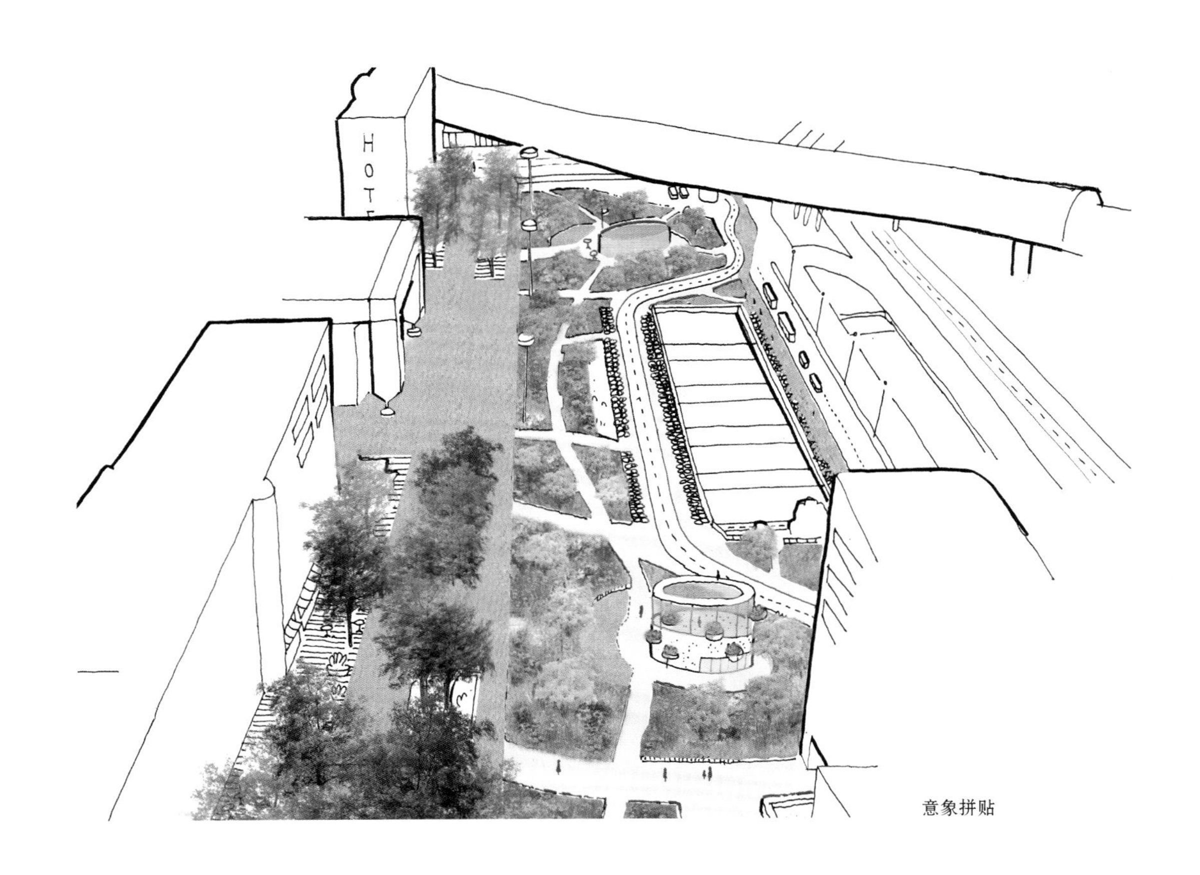


意象拼贴

鳞茎类植物

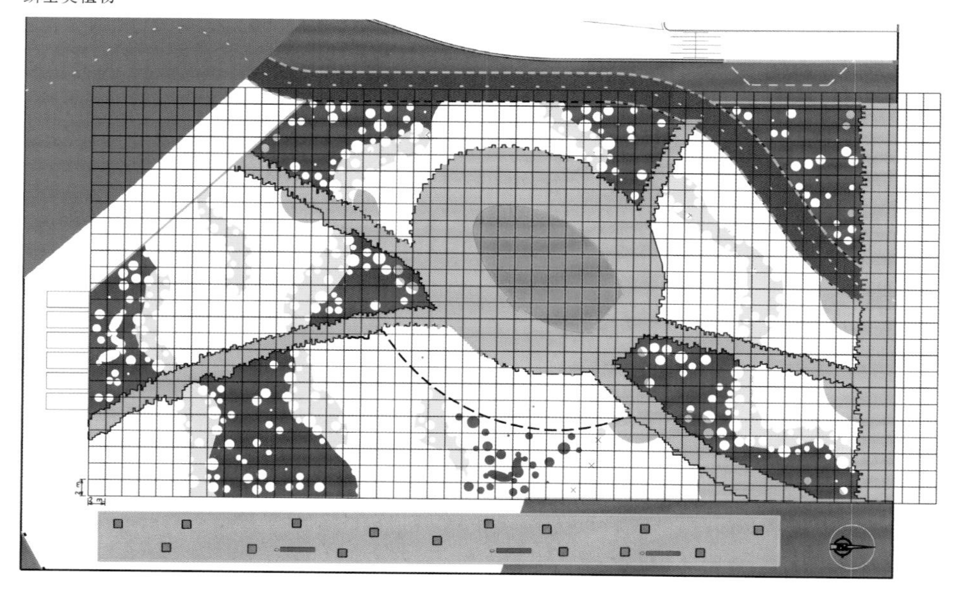

篮睡莲 ($7/m^2$)，埃尔克斯特 ($1/m^2$)

蒜“阁下” ($3/m^2$) 60%，黑蒜 ($3/m^2$) 40%

福布斯雪光花 ($15/m^2$) +
蓝条海葱 ($10/m^2$)

洋水仙 ($15/m^2$)

渐变番红花 ($50/m^2$) 80% +
渐变番红花“大红宝石” ($50/m^2$)20%

草类植物混合

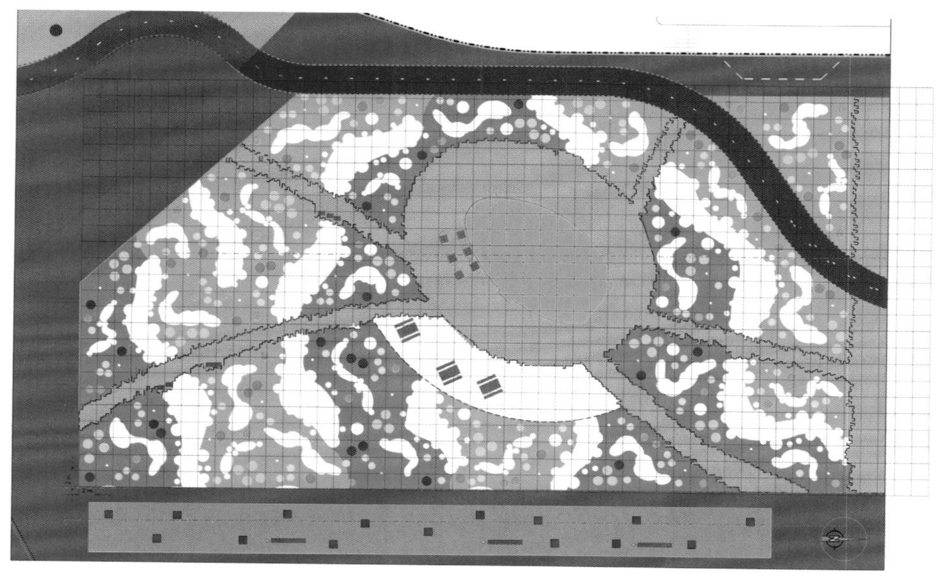

银莲花

紫菀“黑衣贵妇”

紫菀“小卡洛”

赝靛“韦恩的世界”“紫烟”

分药花“小塔”

莫离草组合 1

莫离草组合 2

多年生植物

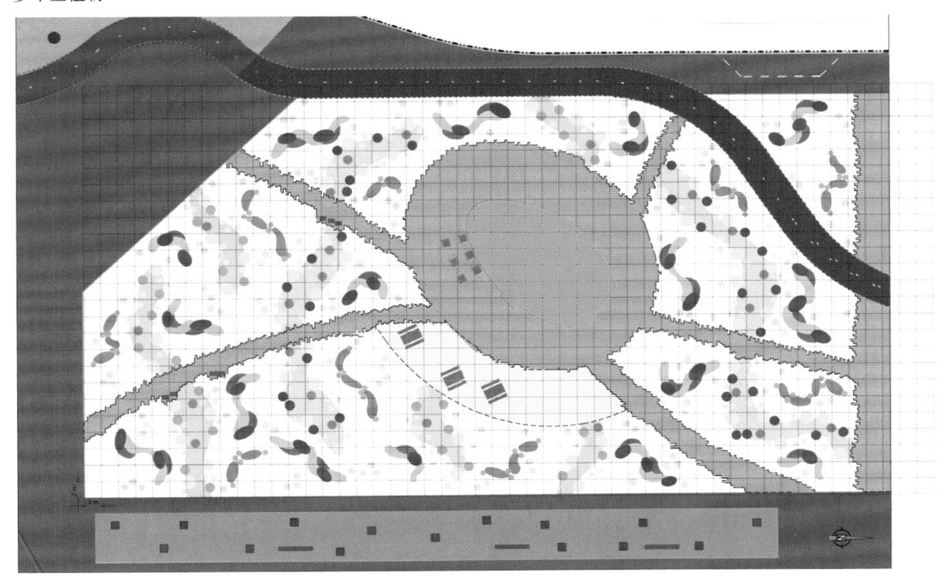

- 刺齿芋
- 水甘草“蓝冰”
- 羊茅“玛丽”
- 黍草＋香鸢尾
- 金光菊“迪米亚”
- 堆心菊
- 莫离草“透明”
- 俄罗斯糙苏
- 山薄荷
- 水苏组合
- 景天 / 风轮菜组合
- 沼地草组合 1
- 沼地草组合 2

乔木与灌木

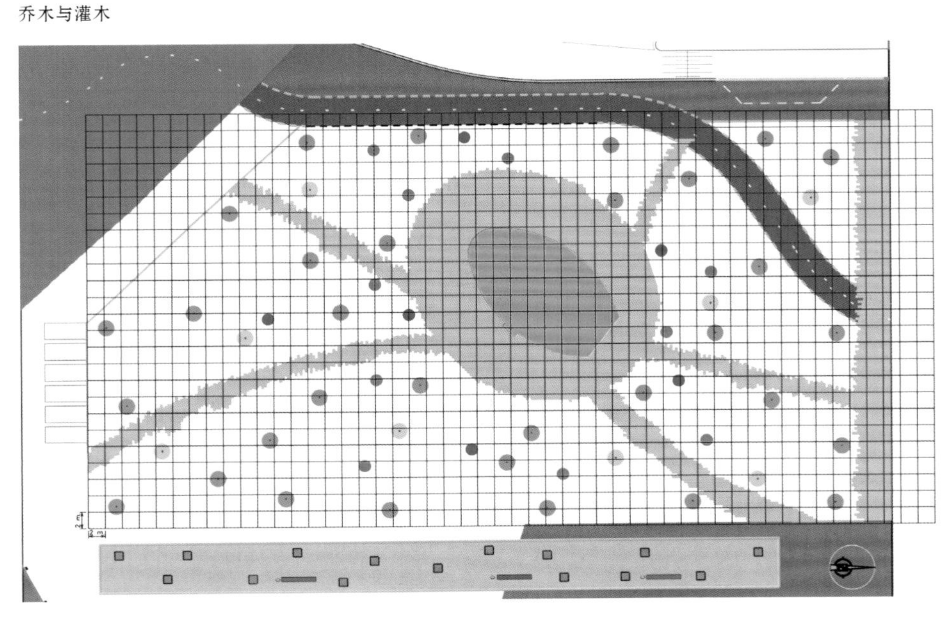

- 紫叶蔷薇
- 华西蔷薇
- 拉马克唐棣
- 红花山楂

Hermes Hermes
OVG

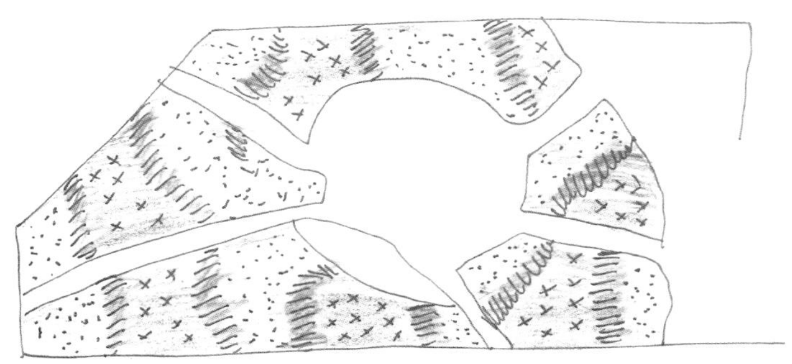
基础层草类植物组合手绘

多年生植物手绘

第四个层次是大面积的多年生植物，搭配观赏性草本植物。如金光菊、堆心菊、黍草等。这个层次尤以夏末和秋季鲜艳的色彩为特色。罂粟和膘靛点缀其中。

色彩是植物选择的第二重要标准。植被的整体氛围必须是平静而自然的。此外，还重点选择了健壮的、生命周期长的植物，这类植物不会过度生长。最终，设计共使用了35种不同品种的草本植物和多年生植物。三月，草甸由割草机进行修剪，之后，随着时间的推移，草甸植物会逐年长高。

Amsterdam Sloterdijk

# 植物群落设计——丰富城市生物多样性

文：贾科莫·古宗

贾科莫·古宗（Giacomo Guzzon）是一位对园艺有着浓厚兴趣的意大利景观设计师，在植物配置设计方面有着特殊的专长。他拥有意大利的农业科学学士学位和格林威治大学（University of Greenwich）景观设计硕士学位。古宗是英国Gillespies景观事务所伦敦分公司的一名植物专家和景观设计师，负责领导植物种植研究小组，组织植物试验，安排植物种植相关的参观和演讲。

生物多样性指的是生活在地球上的各种植物、动物和微生物。目前，环境污染、环境破坏和气候变化等都是人类活动对生物多样性造成的严重威胁。作为一名直接与环境打交道的景观设计师，我有责任帮助保护环境。这对于生物多样性受到极端威胁的城市地区尤为重要。

本文旨在为支持和促进城市生物多样性的植物群落的设计提供可能的解决方案。植物群落是一个植物群，其中的植物相互兼容，并能在类似的环境条件下茁壮成长。要想让景观设计为野生动物提供栖息地，植物配置中应包含哪些基本内容？为解决这个问题，我将探讨：1.本地与非本地植物的使用；2.植物的功能，即植被景观中每个植物小群落的功能。

### 本地与非本地植物

任何有关植物设计中生物多样性的讨论都会提出使用本地或非本地植物的必要性问题。所谓本地植物，就是“自然生长于某一特定地区……未经人为引入的原生植物”（美国国家野生动物联合会，2018年）。

关于这个问题至少有两大流派：1. 应该只使用本地植物来维持和增进生物多样性；2. 应该使用本地植物和经过甄选的非本地植物的组合。在大多数情况下，答案是——特别是在英国——两者结合使用。

了解一些影响生物多样性的问题很有必要。看看两位知名的专业人士——来自英国的詹姆斯·希契莫夫（James Hitchmough）和美国的道格拉斯·塔拉米（Douglas Tallamy）——对这个问题的见解。根据谢菲尔德大学（University of Sheffield）园艺生态学教授希契莫夫的说法，“由许多植物品种组成的大片植被，以复杂的空间布局方式来布置，能够最有效地保护原生动物的生物多样性……本地植物在无脊椎动物的栖息地营造中是非常有价值的，但是现在的科学研究显示，非本地植物也是如此。（希契莫夫，《播种美——从种子开始的开花草甸设计》，2017 年，Kindle 电子书第 199-208 页）

与希契莫夫相反，美国特拉华大学（University of Delaware）昆虫学教授道格拉斯·塔拉米对这一问题进行了广泛的实地研究，并持有不同的观点。他在《把自然带回家》（Bringing Nature Home）一书中提出，任何使用非本地植物的行为都会削减生物多样性。他解释说：“……大多数食草昆虫只能吃具有相同进化历史的植物……昆虫适应不同植物所包含的特定化学混合物需要时间——漫长的进化时间跨度，而不是生态周期。”塔拉米后面又解释说：“一个给定区域的物种的数量取决于这个区域的大小。大洲的种类比小洲多，而大陆的种类比岛屿多。”（塔拉米，《把自然带回家》第二版，Kindle 电子书第 135-139 页、第 278-290 页、第 609-627 页）

很显然，英国的生物多样性植物设计可能跟美国有很大不同，因为英国土地面积小，动物和无脊椎动物种群较小。而在美国，多样化的植物设计土地面积要大得

绿地阴凉区植物群落。本地和非本地植物混合种植。这些植物对生长环境有着相同的要求。

多，动物和无脊椎动物种群较大，种群的物种更明确。然而，在许多情况下，无论地理位置如何，许多传粉无脊椎动物都是“全才”，能够充分利用产生花蜜和花粉最多的本地和非本地植物。

### 植物的功能

其他景观设计师给我们提供了如何从功能角度创建生物多样性景观的见解，而不是把注意力集中在使用本地或非本地植物这个问题上。这种功能的方法基于一个简单的考虑，即：具有相似特征的品种可以归类到相同的类别或层次中，并用于景观植物配置中的特定功能。具有水平攀爬习性的植物可以用来覆盖地面，而具有一定高度的、垂直生长习性的植物可以用来提升景观的视觉观赏性。将具有不同功能的植物组合使用，是打造生物多样性景观所必需的植物配置的基础。

植物与动物（特别是无脊椎动物）的关系，是功能性的另一要素。例如，一些昆虫利用特定植物的茎、叶或根来栖息、产卵、养育幼虫。重要的是要记住，功能性不仅包括植物的生长习性和结构，而且在植物设计的过程中涉及非常广泛的知识。托马斯·雷纳（Thomas Rainer）和克劳迪娅·韦斯特（Claudia West）在《后野生世界种植》（Planting in a Post-wild World）一书中，关于如何设计以生物栖息

大象公园绿地阳光区植物群落。植物品种多样，叶片形态多姿多彩，提升了环境的生物多样性和视觉吸引力。

地为基础的、多样化的、空间上布局复杂的景观植物配置，提出了一系列准则。他们的方法着眼于如何设计植物群落中每一层次植物的功能以及如何调节和确定植物配置方案中的每个层次的植物。

要想设计出合适的植物配置方案，重要的是对项目用地的理解：你要设计的是对应于某种自然的、功能性的景观（例如，林地、林地边缘或草甸）的一种原型景观。植物层次、植物行为、植物生长的多样性、全年土壤绿化覆盖，这些是创建具有生物多样性功能的植物群落所需要考虑的一些基本要素。

## 案例研究

作为 Gillespies 事务所的一名景观设计师，我在伦敦南部的象堡区（Elephant and Castle）的一个新开发项目“大象公园”（Elephant Park）的中心地带主持了一片绿地的植物设计。这片绿地是一个开放式的公共空间，有一些之前留存的高大的悬铃木，有个游乐场，还有一片中央草坪。绿地周边有雨水花园，周围街道的雨水都汇集到这里。大象公园将于几年后开放，作为公园的一期工程，这片绿地为我们的团队提供了一个独特的机会，能在公园其他片区设计之前对植物配置的效果进行测试。最初的目标是设计几个植物群落，让每个群落里的植物能适应绿地内不同的栖息环境。正如理查德·汉森（Richard Hansen）和弗里德里希·斯塔尔（Friedrich Stahl）在其著作《多年生植物及其栖息地》（Perennials and Their Garden Habitats，这本书现在被奉为经典）中解释的那样，如果植物在类似于其

德国赫尔曼肖夫花园阴凉区和阳光区的人造植物群落。

野外栖息地的条件下种植，植物将活得更长，恢复力更强，并且更容易管理。（汉森和斯塔尔，《多年生植物及其栖息地》，1991 年译本）

在敲定大象公园绿地的植物配置时，我们主要考虑的是景观的层次，以及如何让地被植物占整个植物总量的至少 40% ~ 50%，将具有一定高度的植物以及其他开花植物包围在其中，这些植物负责在各个季节为环境增添色彩和观赏性。最大限度地扩大全年植被覆盖面积，是促进生物多样性的根本，因为绿化为野生动物的活动提供了环境。常绿植物最适合全年覆盖地面。事实上，即使是在阴凉的环境下，植物配置也主要由常绿植物组成。虽然这种功能性的方法雷纳和韦斯特最近才在书中谈到，但是施密特教授（Cassian Schmidt）已经在德国的赫尔曼肖夫花园（Hermannshof Garden）对它进行了多年的大量的测试。施密特在花园中设计了许多不同的植物群落，并详细记录了品种选择及其在植物配置中的作用。这些配置包含各种各样的花和叶片，极大地丰富了生态环境。

打造具有生物多样性的、空间结构复杂的植物群落的另一个重要方面是理解人

阳光区植物群落边缘采用秋沼草。

柳枝稷位于种植区中心，在秋沼草和俄罗斯糙苏后面。

工种植植物的“行为”，即植物的“社会性”。汉森和斯塔尔列出了许多常见的人工种植多年生植物及其“社会性”的等级。在自然环境中不在大的群落中生长的植物具有较低的社会性，而在大群落中生长的植物具有较高的社会性。具有高社会性的植物非常适合作为地被植物大量使用，而具有较低社会性的植物最好单独使用或在小群落中用作焦点。例如，在大象公园的绿地中，在阳光充足的植物群落中，柳枝稷（低社会性）以小群落的方式用在其他低矮的多年生植物中。天竺葵（高社会性）则采用了较大的群落，增加了土壤覆盖面积（汉森和斯塔尔，1981 年）。了解植物的社会性对于敲定植物配置中的每个品种以及最大限度地扩大土壤覆盖，从而营造生物栖息地非常重要。

植物生长的多样性对于理解某些品种在什么季节存在并且因此有益于建设生物

雨水花园植物群落，霞花和西伯利亚鸢尾同时开花，繁花似锦的景致体现了该地区生机勃勃的城市氛围，给生态环境带来积极的作用，也带给游人愉悦的景观体验。

多样性非常关键。例如，在早春开始生长并迅速覆盖地面的冷季草，为种植区域的边缘提供了最佳设计方案。相比之下，暖季草开始生长在春末和夏初，因此更适合用在种植区的中间，跟其他品种一起，这样，在暖季草长起来之前，那些光秃秃的地块会不那么显眼。这两者结合，能增强生物多样性和视觉吸引力，因为保证了物种和形态的多样性。柳枝稷是一种暖季草，用在花池的中心。而秋沼草是一种冷季草，在边缘使用，因为它是常绿的，在春天开始生长，能够在早春时节形成绿地周围整洁、繁茂的边缘绿化带。

大象公园绿地内有五个不同的植物群落，分别是阳光干燥区、阳光雨水花园、阴凉雨水花园、阴凉区和游乐场。每个群落都根据特定的土壤和光照条件而定制，由本地植物和非本地植物混合组成。植物配置中所有品种的选择都考虑到了功能性和社会性。目标是植物全年覆盖土壤，最大限度地强化每个群落的植物多样性，同时创造出美观的植被景观结构。

生物多样性的植物配置的设计根本没有一个绝对的标准。如上所述，对于如何做到这一点有不同的看法。因为我的工作主要是在英国的城市环境中进行，我觉得一个品种是否是本地原生植物并不是关键的问题，不应该成为项目中使用某个品种的主要标准。衡量本地品种是否比外来品种更适合，项目用地的环境和特点更为重要。

对我来说，更重要的是创造一个有恢复力的、能够存活下去并因此能够养活野生动物的植被群落。例如，经验已经证明，英国本土的蕨类植物穗乌毛蕨，其恢复力和耐旱性都不如非本土的棕鳞耳蕨。2018 年炎热的夏季过后，大象公园绿地里几乎所有的穗乌毛蕨都消失了，但是所有的棕鳞耳蕨都存活了下来，整个夏天都保持着绿意。这清楚地表明，对于具有挑战性天气条件的城市地区，本地植物有时不是最佳选择，因为如果这些植物不能存活，那么我们预期的生物多样性效果就会消失。

鉴于所有这些考虑，很显然，对于正在进行的科学研究的阐释，以及对新想法的实验和尝试，还有很大的空间。我们不必囿于教条，遵循规定的单一方法。建设城市生物多样性的精力应该集中在创建复杂的、以营造生物栖息地为目标的、考虑植物社会性和功能性的、同时贴合当地环境特色的植被景观。植物配置的设计要考虑每个品种的功能，这样我们才能够使用最适合于特定环境特色的本地和非本地品种，关注植物品种对生物多样性的作用，而不仅仅是其起源地。此外，最大限度地扩大植被覆盖面积和植物品种多样性，能提高设计的灵活性和生态效益。这种方法适用于地球上的每个地方，并将对城市的生物多样性产生积极的影响。

**设计单位：** LDA 建筑事务所（LDA Design）

**草甸设计顾问：** 詹姆斯·希契莫夫（James Hitchmough）

**摄影：** 坎农·艾弗斯（Cannon Ivers）

**面积：** 51 公顷

**英国，伦敦**

# 伯吉斯公园

*植物布置是公园设计的重要部分，旨在提升公园的生物多样性。包括大型草甸种植、湖泊和湿地环境改良、湿地林地以及雨水花园。开放的草坪区域采用了不同品种的混合型草坪，让公园随着四季变化呈现出不同的色彩，同时也是珍贵的生物栖息地。*

伯吉斯公园（Burgess Park）是伦敦南部最大的公园之一。伦敦南华克区政府、伦敦市长和“创意基金会”（前身是艾尔斯伯里基金会，Aylesbury NDC）共同斥资 800 万英镑，对伯吉斯公园进行了重建，2012 年向公众开放。伯吉斯公园毗邻艾尔斯伯里住宅区，是伦敦最大的修复工程项目之一。公园占地 51 公顷，如此大面积的绿色空间，对周围更大范围内的环境复兴工程的成功至关重要。伯吉斯公园周围是密集的住宅建筑群，居住人口十分多样化，公园的绿化对于居民的社区生活来说也非常重要，这里是他们进行户外休闲活动的主要场所。

2009 年，LDA 建筑事务所（LDA Design）在伯吉斯公园设计竞赛中拔得头筹，之后与当地社区紧密合作，共同开发了规划案（参与其中的社区居民超过 1000 人）。LDA 建筑事务所负责伯吉斯公园的景观设计与整体规划，目标是打造 21 世纪的现代化景观空间。空间规划的清晰性是首先要遵循的设计原则，因为在第二次世界大战之前，这一地区的规划十分清晰，住区与工厂交织，毗邻运河。经历了轰炸和贫民区的拆迁之后，公园逐渐形成，布局比较凌乱，缺乏统一的风格和连贯性。

设计成功的关键在于公园既要环境优美，又要保障安全，同时方便不同群体的使用。设计团队对原来的地形进行了改造（改动了约 90,000 立方米土壤），设置了纵横交错的人行小径，改善了园内视野。大胆的入口设计从当地丰富的历史遗产中寻求灵感，赋予了伯吉斯公园全新的形象。地形经过重塑，更方便空间的使用，同时，游人在园内行走时，也能感受到空间变化的韵律。人造地形有着 7 米的高差，层次丰富，地势起伏不仅有利于引导游人在园内的行走路线，也为观赏伦敦地平线常换常新的风景提供了再好不过的平台。起伏的地面必不可少的是现代化的草坪，植被设计由伦敦知名园艺师詹姆斯·希契莫夫（James Hitchmough）操刀。草坪让公园随着四季变化呈现出不同的色彩，同时也是珍贵的生物栖息地，美轮美奂的自然生态景象让游人叹为观止。

## 植物列表

匍匐筋骨草“丛林美人”
假升麻
块根马利筋
紫菀“天蓝”
白木紫菀
紫菀“小卡洛”
新英格兰紫菀“九月”
长叶紫菀
莎草紫苑
心叶牛舌草“杰克 · 弗罗斯特”
牛眼菊
假荆芥新风轮菜
布什罂粟葵
克美莲
橘红苔草
单穗升麻“杰米 · 康普顿”
三叶金鸡菊
伞草
野胡萝卜
卡特西亚石竹
暗红松果菊
苍白松果菊
“草原之光”松果菊
“弗龙莱滕” 淫羊藿
红色淫羊藿
冬菟葵
白花蛇舌草
芫荽花
菠萝花
荼梅
“雷森奇姆”黄斑泽兰
圆苞大戟
“鲁布拉”大戟
常绿大戟
沼生大戟
羊茅
香车叶草
蓬子菜
夏风信子
天竺葵“欧丽安”
阔叶美吐根
红丝姜花
臭嚏根草
杂交嚏根草 “白蜡木”
羊角草
小火炬花
拉泽花
春苦豆
麒麟菊
那旁亚麻
阔叶麦冬
山梗菜
紫沼草“透明”
喇叭水仙
印加月见草
四棱月见草
西亚琉璃草
牛至
细枝稷“山纳多”
东方木瓜
红花钓钟柳
紫花钓钟柳
毛地黄钓钟柳
多态廖
福禄考“卢卡斯丁香”
多鳞耳蕨

牛舌樱草
黄花九轮草
欧樱草
全缘金光菊
大金光菊
宿根鼠尾草
白山地榆
地榆
毛叶蓝盆花
“月舞”蓝盆花
北美小须芒草
西伯利亚海葱“春美人”
黄芩
印加黄芩
紫景天“心红”
锡兰
松香草
罗盘草
皱叶一枝黄花“焰火”
大叶黄花
药水苏
针茅草
琉璃菊“紫伞”
紫露草
白婆婆纳
北美草本威灵仙“薰衣草”

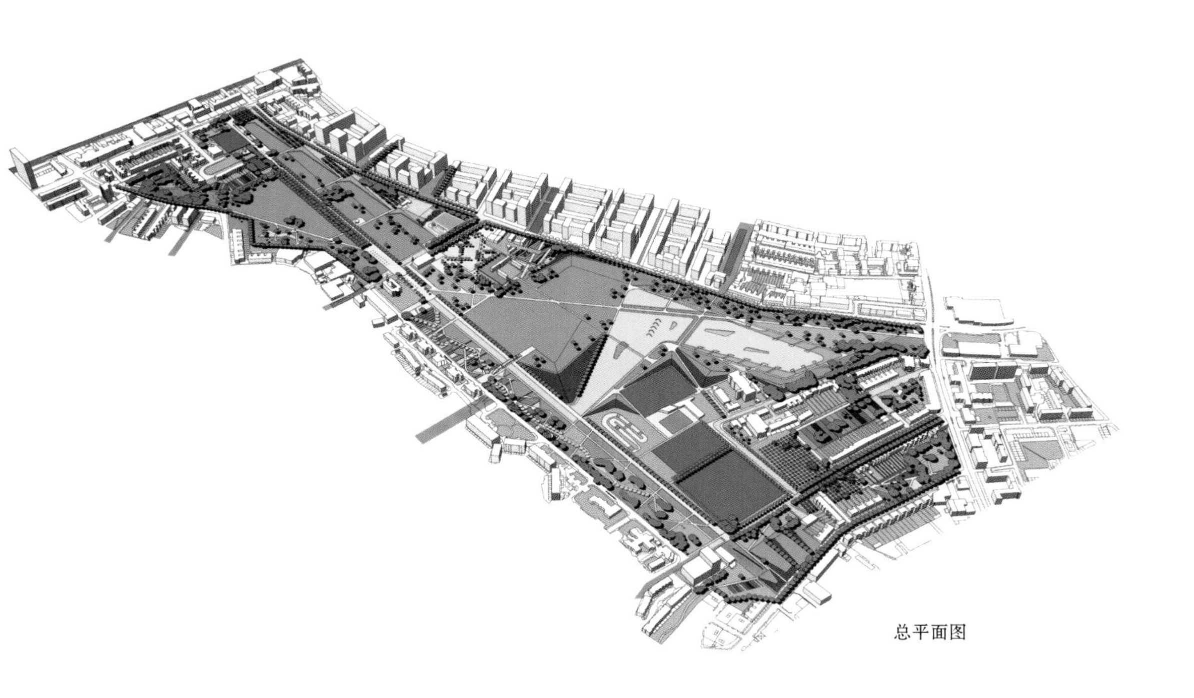

总平面图

奥尔巴尼路地势立面图

奥尔巴尼路地势剖面图

生物多样性与可持续性

原来的公园，生态价值未能得到开发。这导致了公园中虽然有一些不错的硬件设施，但植物的多样性非常有限。有些区域很少被人使用，显得凌乱荒芜，不能积极地形成这座公园的特点。

设计师需要使公园的所有区域都变得有价值又实用，他们面临的挑战是：如何以优美的、吸引人的并且具有环境保护教育价值的方式，来开发这座公园的丰富的生态价值和景观价值。

所有落在伯吉斯公园范围内的雨水都将就地处理和管理。设计师打造了一系列的生态草沟，人行道边，大面积的铺装路面旁边，坡地的低处，都有遍布。这些草沟完美地融合到公园的总体规划中，并且让公园的结构显得更加清晰和整齐，同时也呼应了用地大胆的地形。

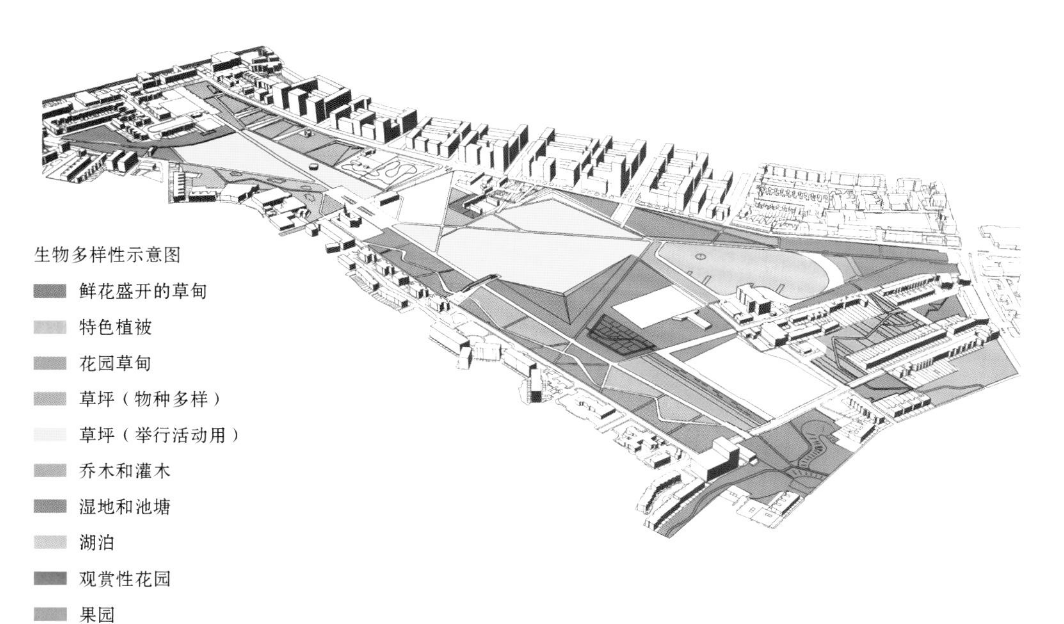

本案耗资数百万英镑，其中包括一系列休闲设施，如游乐场、运动跑道（长5千米）、比赛级的自行车越野赛道、专门的野餐烤肉区等。湖泊进行了重新规划，旁边扩建了湿地，还增加了两个12米高的喷泉。新建了一条90米长的桥梁，居民去附近的学校更方便了。LDA建筑事务所的设计为伯吉斯公园规划了简明清晰的结构，开拓了园内视野。新公园的特色包括：经过改建的入口、新的人行小径、湖泊、游乐场、自行车越野赛道等。

植物布置是公园设计的重要一部分，以提升公园的生物多样性。植物设计包括大型草甸种植、湖泊和湿地环境改良、湿地林地、圣乔治花园（St. George’s Garden）草甸以及公园两个主入口处的雨水花园。此外，开放的草坪区域采用了不同品种的混合型草坪，管理团队可以试验不同的修剪方法。如果不修剪，矮草会长高，草坪就变成了一片美丽的、植物品种丰富的草甸，有各种禾本科植物和开花植物。新栽种树木超过 330 棵。

**景观设计：**英国 Gillespies 景观建筑事务所（Gillespies LLP）

**建筑设计：**英国 RSHP 建筑事务所（Rogers Stirk Harbour and Partners）

**植物布置：**英国 GI 园艺公司（Growth Industry）　**摄影：**约翰·斯特罗克（John Sturrock）　**占地面积：**2.1 公顷

英国，伦敦

# 河光公寓

*景观设计打造了无缝衔接的、流畅的整体环境。植物配置选取了各种乔木、灌木、草本植物、禾本植物和鳞茎类植物，各种植物一起打造静谧的环境，同时有利于促进当地的生物多样性。*

---

河光公寓（Riverlight）是一个住宅开发项目，位于伦敦的新兴开发区“九棵榆”（Nine Elms）中心区的一个 2 公顷的工业区中，离泰晤士河南岸的巴特西发电站（Battersea Power Station）不远。河光公寓由世界知名的 RSHP 建筑事务所（Rogers Stirk Harbour + Partners）设计，包含六栋现代、优雅的公寓楼，精心布置在由 Gillespies 设计的高品质河岸景观环境中。

六栋公寓楼沿用同样的建筑语言，只在高度和色调上有所差别。六栋楼的策略性布局使得景观规划可以实现渗透性的开放式空间布局，小区内即可欣赏泰晤士河岸美景，步道直通河岸休闲区。景观方案中约 60% 的面积规划为开放式公共空间。

景观设计打造了无缝衔接的、流畅的整体环境，创造了河光公寓独有的环境形象，独树一帜，极具辨识度。每个重点户外空间的开发都有其自身的功能和特色。

设计灵感来自于用地得天独厚的地理位置——毗邻泰晤士河。设计师在靠近船坞入口的位置布置了一座袖珍公园，这里有大片的开阔绿地，把河岸归还给公众。公园里有丰富的软景观，一座座种植岛像大号的绿色鹅卵石，还有各色座椅，不一而足。

公共空间在街道标高上，沿街的一系列小咖啡馆和简餐店让环境活跃起来，与九棵榆巷（Nine Elms Lane）以及新建的滨水步道相连。相比滨水区，公寓楼楼下的公共空间地势略高些，目的是确保视线可以越过沿河护墙，看到泰晤士河。新建的滨水步道开发了河岸上从前废弃不用的一片区域。

整个公共空间处处都能看到艺术的元素，包括专门定制的一系列雕塑，旨在鼓励人们进行游戏与互动。“未来城”文化设计公司（FutureCity）为本案贡献了艺术设计方案，与景观设计师一起，让河光公寓成为艺术、文化与游乐的天堂。

植物列表

**乔木：**

欧洲鹅耳枥“弗兰斯”

白桦“杰克蒙蒂”

**灌木：**

小檗“绿毯”

日本茵芋“尼曼斯”

**草本植物：**

小蔓长春花“特鲁德·杰基尔”

红花肺草“红尾鸲”

大戟“威士忌石榴石”

茵芋“长青”

火炬花“小姑娘”

**禾本植物：**

细茎针茅

蛛丝草

**鳞茎类植物：**

郁金香

葱属植物

番红花

麝兰

雪钟花

水仙（多品种）

一栋栋公寓楼之间的线性的绿化空间打造成小型住宅花园，让住户享受私密、安全的环境。中央区布置成自然游乐空间，适合家庭成员相聚娱乐，周围种植了高大的树木，确保环境的私密性。

“水”是贯穿河光公寓景观环境的一个主题元素，与泰晤士河相呼应，体现了用地水陆相接的特点。各式各样的水景让公共空间和私人空间之间实现自然、流畅的过渡。水的利用也呼应了用地曾经用作磨坊蓄水池的历史。水景的设计抓住水体静止的特点，打造了融入公寓景观的一系列“水园”，让公寓环境更显静谧。

河光公寓的开发让居民对泰晤士河滨水环境的利用率达到史无前例的程度，滨水空间与公寓楼下宁静的休闲空间相辅相成。

Growth Industry 公司担任本案的植栽设计顾问，负责一期工程的植物布置工作，包括提供所选品种的植物、提供具体植栽布置规划、制定景观管理计划的时间表和详细说明。

景观平面图

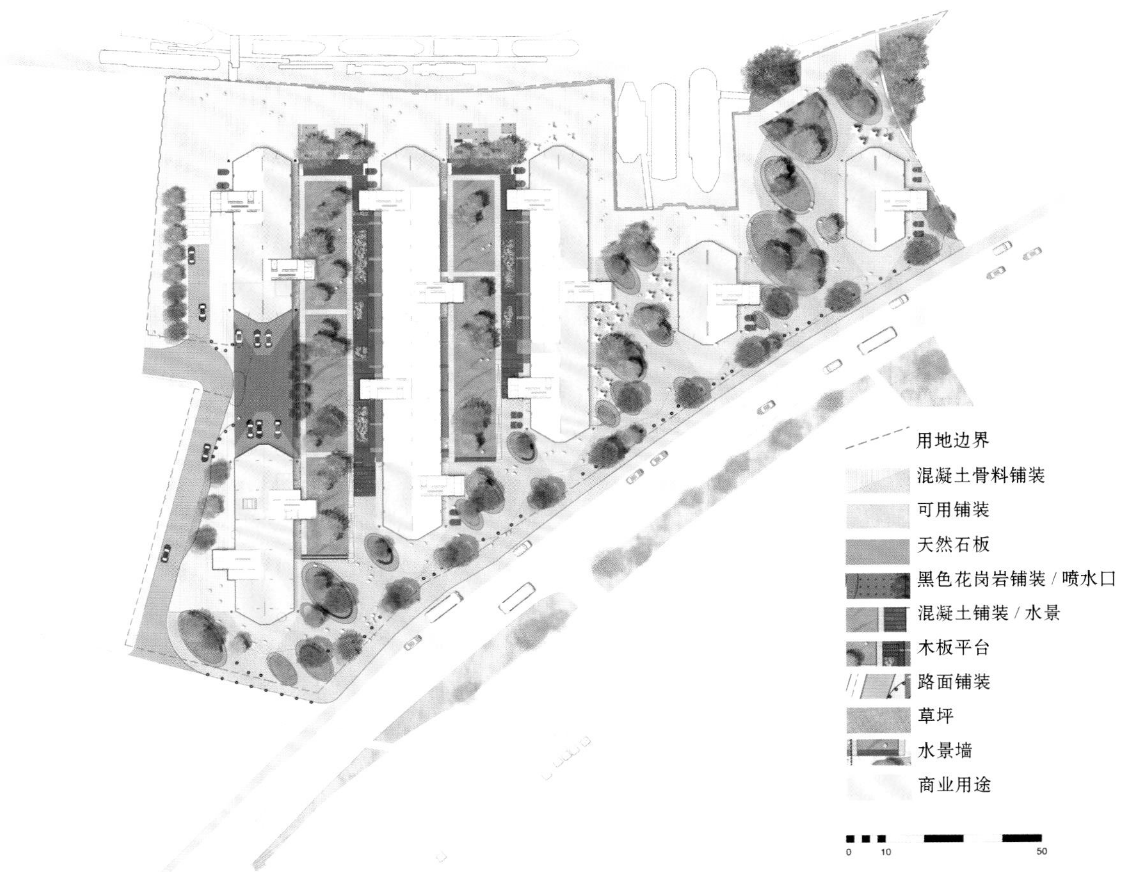

BUS
STOP

**设计单位：**亚历山德拉·斯蒂德城市设计公司（Alexandra Steed URBAN Ltd）

英国，伦敦，艾尔沃思

# 天空电视台伦敦总部

*设计在林区布置了鸟窝和蝙蝠箱，在廊道种植灌木丛，为各种鸟类和野生动物提供觅食和庇护之所。自然景观为园区带来最原始的活力，在人与环境之间建立起一种紧密的、持续而稳定的平衡关系。*

英国天空电视台（Sky UK）全新的总部大楼完美呈现了其"明天会更好"的美丽愿景。作为英国最大的付费电视传播公司，天空电视台的扩建工程不仅巩固了该公司在行业内的运营，也为相关领域贡献了近1.2万个工作岗位。全新的多功能园区包含办公区、工作室、生产区、研发区、文娱健身和商业零售等。新园区已于2016年8月开放。

园区位于西伦敦的艾尔沃思（Isleworth），毗邻M4高速路，邻近著名的希思罗机场(Heathrow Airport)。该园区总面积达5公顷，其中大部分土地用作园区景观。景观与建筑相映成趣，为员工营造了怡人的办公环境。尽管该园区远离市区，但进入园区的一瞬间，扑面而来的清爽宜人的感受便会让你觉得不虚此行。

亚历山德拉·斯蒂德城市设计公司与天空电视台联手，为这家每天为大家带来欢乐体验的电视台打造了新环境，主旨是营造静谧的场所和清新的感受，为员工每日的工作带来鲜活体验。景观环境中穿行的道路为来访者指明了来去的方向。便捷又优美的小径，让行人时刻准备着邂逅一场惊喜。

各种景观元素如步道、种植区、树木、地面景观、装饰元素、特色小品以及整体规划布局，都为行人带来丰富的环境体验。区域连接性是该景观设计中重点考虑的因素，也是景观以及不同等级路径和空间规划的逻辑所在。步道遍布在景观环境中，为行人带来舒适、多样的穿行体验。

植物示意图

| 类别 | 代码 | 植物 | 数量 |
|---|---|---|---|
| 园林灌木 | BX | 锦熟黄杨 | 9x |
| | C | 鼠李 | 18x |
| | IC | 齿叶冬青 | 9x |
| | OB | 杂交桂花木樨 | 4x |
| | PH | 山梅花“美丽星星” | 54x |
| | SA | 灰毛柳 | 13x |
| | TX | 欧紫杉 | 6x |
| | VP | 蝴蝶戏珠花 | 5x |
| 多年生植物 | Am | 紫菀“月神” | 120x |
| | As | 落新妇 | 43x |
| | At | 千叶耆“赤陶” | 113x |
| | Aw | 千叶耆“沃尔特·丰克” | 32x |
| | Bb | 岩白菜“婴儿玩偶” | 45x |
| | Bm | 大叶芸苔 | 285x |
| | Ca | 佛子茅“卡尔·福斯特” | 98x |
| | Ce | 金碗苔草 | 258x |
| | Cg | 香鸢尾“乔治·戴维森” | 22x |
| | Co | Crocosmia ‘Orange Pekoe’ 香鸢尾“橙白毫” | 80x |
| | Da | 白花洋地黄 | 128x |
| | Dc | 丛生发草 | 95x |
| | Ec | 金雀草 | 100x |
| | Ep | 沼泽大戟 | 36x |
| | Er | 蓝色水飞蓟 | 208x |
| | Eu | 多毛大戟“篝火” | 43x |
| | Fg | 蓝羊茅 | 140x |
| | Fv | 茴香 | 20x |
| | Gj | 老鹤草“约翰逊之蓝” | 208x |
| | Gl | 山地路边青“斯特拉思登女士” | 35x |
| | Ha | 绒毛秋葵“秋日新娘” | 196x |
| | Hb | 玉簪“蓝色天使” | 145x |
| | Hem | 大苞萱草 | 175x |
| | Hes | 大花萱草“金娃娃” | 135x |
| | Hf | 臭嚏根草 | 280x |
| | Hfo | 玉簪 | 144x |
| | Hfr | 玉簪“法兰西” | 31x |
| | Hh | 日光菊“夏夜” | 46x |
| | Hl | 向日葵“柠檬皇后” | 68x |
| | Hn | 黑嚏根草 | 230x |
| | Hq | 矾根 | 40x |
| | Hs | 蜡菊 | 72x |
| | Ka | 火炬花 | 151x |
| | La | 狭叶薰衣草 | 85x |
| | Ls | 滨菊“阿格蕾雅” | 83x |
| | Pf | 狼尾草“火烈鸟” | 125x |
| | Pr | 狼尾草“红头” | 12x |
| | Rf | 金光菊“迪米亚” | 158x |
| | Rm | 大金光菊 | 103x |
| | Sb | 棉毛水苏 | 37x |
| | Sj | 景天“秋悦” | 33x |
| | Sp | 针茅“马尾辫” | 134x |
| | Vb | 柳叶马鞭草 | 100x |
| 多年生植物中的地被植物 | Fva | 野草莓 | 20x |
| | Hed | 洋常春藤 | 41x |
| | Hym | 金丝桃 | 25x |
| | Lop | 圆盾状忍冬 | 5x |
| | Lyn | 金叶过路黄 | 12x |
| | Pat | 富贵草 | 20x |
| | Vim | 蔓性长春花 | 21x |

景观环境的特点与相邻建筑物的用途以及园区环境相辅相成。不同景观区的植物搭配也不尽相同，其中有多年生种植园、草甸、大草坪、林地、果园及湿地。值得一提的是，所有景观区均考虑到园区的四季变化。这意味着，园区的每一景都不是永久不变的，每时每刻都有其独特之处。随着时间的推移，这里将见证无数风景的变幻，景色可谓常换常新。

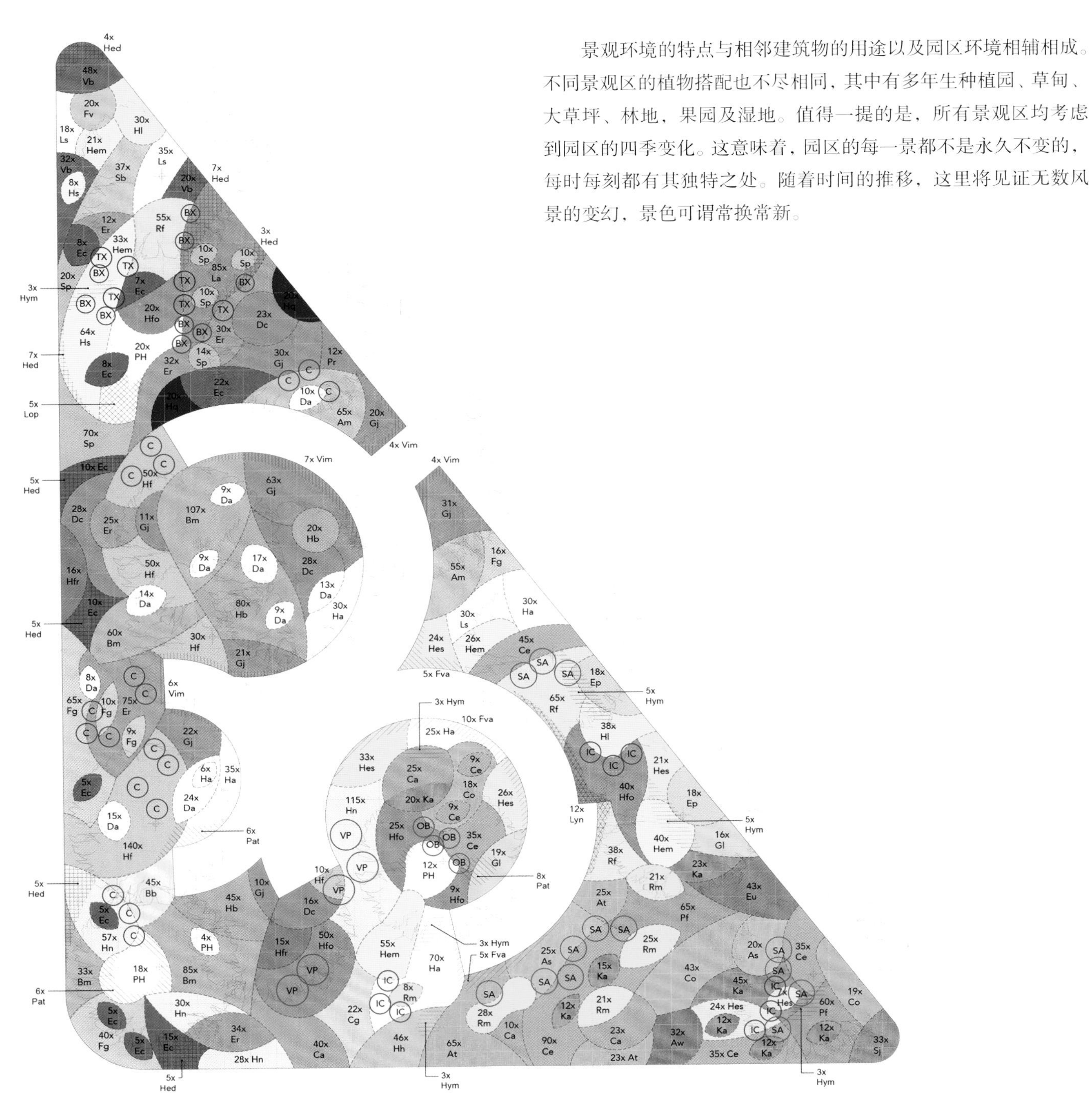


三期多年生植物花园植栽布置平面图

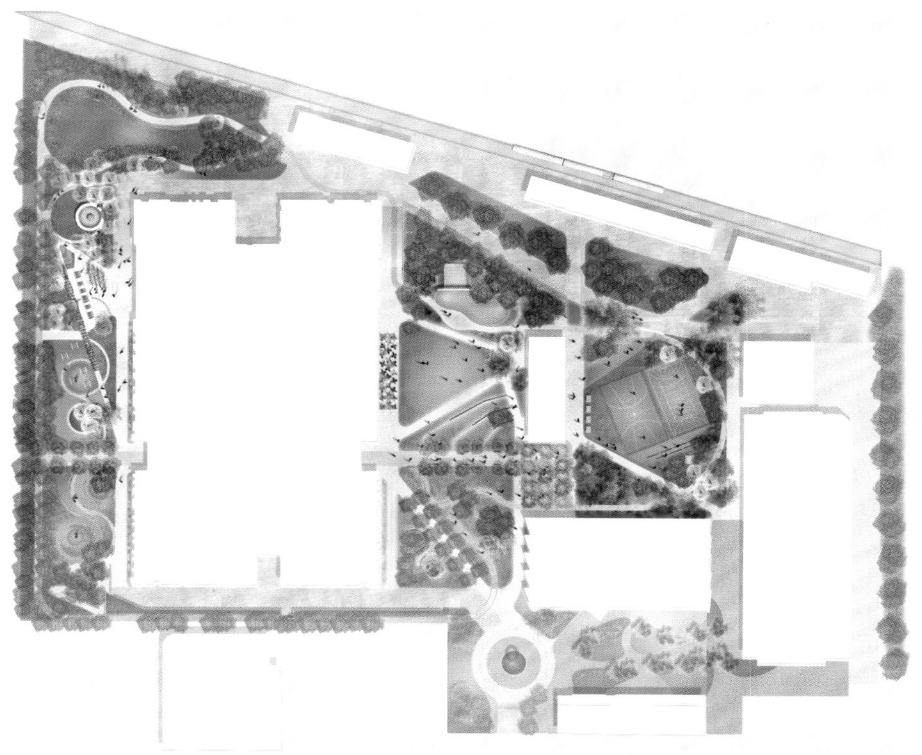

总平面图

Health & Fitness Centre

此外，可持续性也是景观规划的设计重点。比如通过屋顶雨水和地面径流的收集，让用地西北部的贫瘠地块获得新生，而园区中 80% 的植物灌溉来自于雨水的自然渗透。照明系统采用节能设备，实现对景观环境干扰和破坏的最小化。林地区布置了 30 个鸟窝和蝙蝠箱，鸟类可以在这里觅得无脊椎动物的踪迹。

为了进一步吸引野生动物，场地西侧边缘布置了一条 250 米长的廊道，沿廊道种植了超过 120 米长不间断的本地灌木丛，为红腹灰雀、画眉鸟、伏翼蝙蝠及刺猬等野生动物提供了觅食和庇护之所。

园区景观在自然条件下生长，而人类的活动也将影响着这里自然环境的演化。自然景观为园区带来最原始的活力，在人与环境之间建立起一种紧密的、相互作用的、持续而稳定的平衡关系，使人身处其中感觉充满活力与激情。

**景观设计：**玛丽安·莱文森景观事务所（Marianne Levinsen Landskab ApS）　**建筑设计：**多特曼·德鲁普建筑事务所（Dorte Mandrup Arkitekter A/S）

**委托客户**：埃斯堡市政府　　**摄影**：亚当·默克（Adam Mørk）　　**面积**：29，000平方米

丹麦，埃斯堡

# 瓦登海游客中心

*设计中使用了石笋沙，一种适合草甸生长的混合型生长介质，种植花卉和草本植物，使植被景观适合当地的环境特点。候鸟赋予了瓦登海一种缓慢的节奏，植被地貌的细微变化为动物的繁衍创造了条件。*

节奏。呼吸。变化。

所谓节奏：候鸟赋予了瓦登海一种缓慢的节奏。从非洲南部到西伯利亚冻土地带的漫长旅程中，瓦登海是候鸟重要的停留点。每年春秋季节，几百万只候鸟如期来到瓦登海。

所谓呼吸：潮汐是海洋的呼吸——随着宇宙力量和月球周期的步调而缓慢地脉动。低潮时，海床对候鸟来说就是一大桌自助餐：牡蛎、贻贝、螃蟹、虾、蠕虫——全是海洋馈赠的美味佳肴。

所谓变化：陆地和水之间的区域在不断变化。人类几千年来一直在与瓦登海斡旋，寻求与自然共存。地形的差异在人类活动中起着重要的作用。高筑的堤坝保护湿地土壤免受风暴潮涌的影响，让人们得以建设家园。一排排的木桩标志着新的陆地区域，慢慢划定了海岸线。堤坝、沟渠、运河——陆地和水之间的变化。

在瓦登海游客中心（Wadden Sea Centre）的扩建和改造中，便可以看到上述的节奏、呼吸和变化。瓦登海游客中心就像浩瀚沼泽中的一片岛屿，四周种植了沙棘，保护庭院，抵御强劲的西风，建筑材料使用原生态的稻草和木材，呈现出几何造型。树木和灌木从密到疏，缓缓打开视野，可以看到风景，仿佛面向无尽的天空敞开怀抱。这里可以看到丹麦著名的“黑日当空”奇景（Black Sun）——在天空中盘旋的鸟群。

材料的物理性能和结构满足了建筑和景观所需。设计使用了石笋沙，一种适合草甸生长的混合型生长介质，种植花卉和草本植物，使植被景观适合当地的环境特点。一个水生植物过度生长的池塘改造成了一个收集雨水的小湖。还有一条无障碍木板路。

植物列表

**灌木：**

沙棘

树莓

**乔木：**

欧洲赤松

**冻土带植物：**

布氏海棠

桧叶海石竹

蝶须

杜鹃

蒙塔那菊

香雪球

毛剪秋罗

洋石竹

委陵菜

皱纹柳

白山虎耳草

野百里香

景天

海石竹

伯纳德百合

熊莓

沼桦

石竹

车前叶蓝蓟

花菱草

羊茅

匍匐霞草

橙黄山柳菊

亚麻

绿毛山柳菊

天蓝草

场地平面图

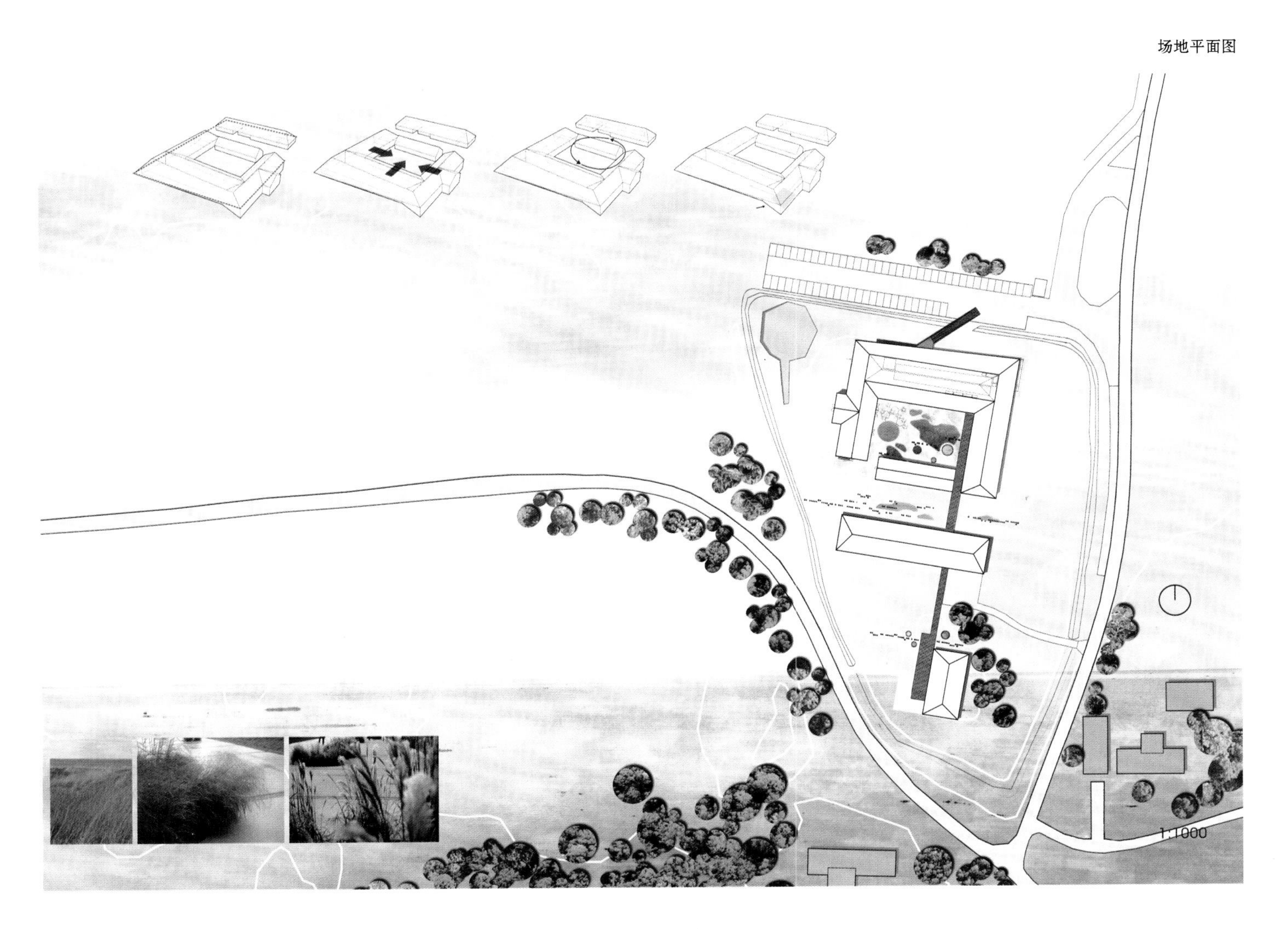

庭院里铺设地砖，间或种植西伯利亚冻土带植物群——候鸟在那里繁衍生息。植被地貌的细微变化为植物的繁衍创造了条件，植物主要有海石竹、茴香、熊莓、矮桦树、石竹、杜鹃、蓝蓟、加利福尼亚罂粟、羊茅、山柳菊、天蓝草等。

庭院是自然景观展示的舞台，既有整体的景观，又有精致的细节，让瓦登海游客中心有关“节奏、呼吸和变化”的故事从室内延伸到室外……

**景观设计：**斯科特·托兰斯景观事务所（Scott Torrance Landscape Architect）　　**建筑设计：**沃曼建筑事务所（Wallman Architects）

**摄影：**杰夫·麦克尼尔（Jeff McNeil）、米娜·马科维奇（Mina Markovic）

**屋顶绿化面积：**1000 平方米

**加拿大，安大略省，多伦多**

# 多伦多摄政公园 20 号

*本案景观设计侧重强调生物多样性，在光照充足处建造了一座“蝴蝶花园”，堆积的圆木和大圆石丰富了屋顶的景观体验，为昆虫创造了栖息地，各种多肉植物和禾本植物美化了屋顶景观。*

加拿大摄政公园（Regent Park）综合体项目位于多伦多市中心，是加拿大历史最悠久、规模最大的社会保障性住房项目，建造于 20 世纪 40 年代，旨在为低收入的移民提供临时性住房。本案的摄政公园 20 号项目（Regent Park Block 20）是摄政公园改造工程的一部分，这个改造工程的目标是将原来的保障性住房改造成适合多层次收入群体的现代化社区。

项目所在街区的位置给设计带来很多挑战：与其他市区隔离，缺乏基础设施，犯罪率高还有其他各种社会问题。这个街区也正在进行升级改造建设，包括对步行道、绿地、商业空间、社区服务设施的重新规划和建设，还有住房（包括商品房和社会保障房）的建设，各种风格的绿色建筑拔地而起。本案的设计严格遵循摄政公园整体改造工程的宗旨，为居民提供更完善的基础服务设施。摄政公园 20 号是一栋住宅楼（出租单元房），本案的设计内容主要是两个屋顶平台、一个绿化屋顶，还有街道的绿化工作。

从二楼的屋顶平台可以俯瞰圣巴塞洛缪教堂（St. Bartholomew Church）和街道，街边有很多文娱设施，年轻人可能会乐于探索和开发，比如开放式互动喷泉、堆积的圆木、大圆石，还有一块名为“龟壳”的巨石。各式座椅布置在茂盛的本地植物中。附近居民，不论哪个年龄段，都能找到适合自己休闲的地方。

另一个屋顶平台位于九楼。居民从这里可以俯瞰西边和南边的美丽风景。九楼平台规划了一片果蔬园，让居民更有家的归属感，也为大家交流互动、参与公共活动、贴近大自然提供了场所。这里也预留了大片空间可以举行大型公共活动。

绿化屋顶位于十一楼。景观设计侧重强调生物多样性，强化屋顶绿化对建筑起到的积极作用。堆积的圆木和大圆石丰富了屋顶的景观体验，为昆虫创造了栖息地。各种多肉植物和禾本植物在漫长的生长季节里美化了屋顶景观，同时也改善了屋顶的隔热性能，有助于雨水的蓄存。

植物列表

| | |
|---|---|
| 北美皂荚树 | 柳枝稷 |
| 花楸 | 大叶醉鱼草 |
| 加拿大紫荆 | 松果菊 |
| 灰山茱萸 | 秋乐景天 |
| 灌木忍冬 | 雏菊 |

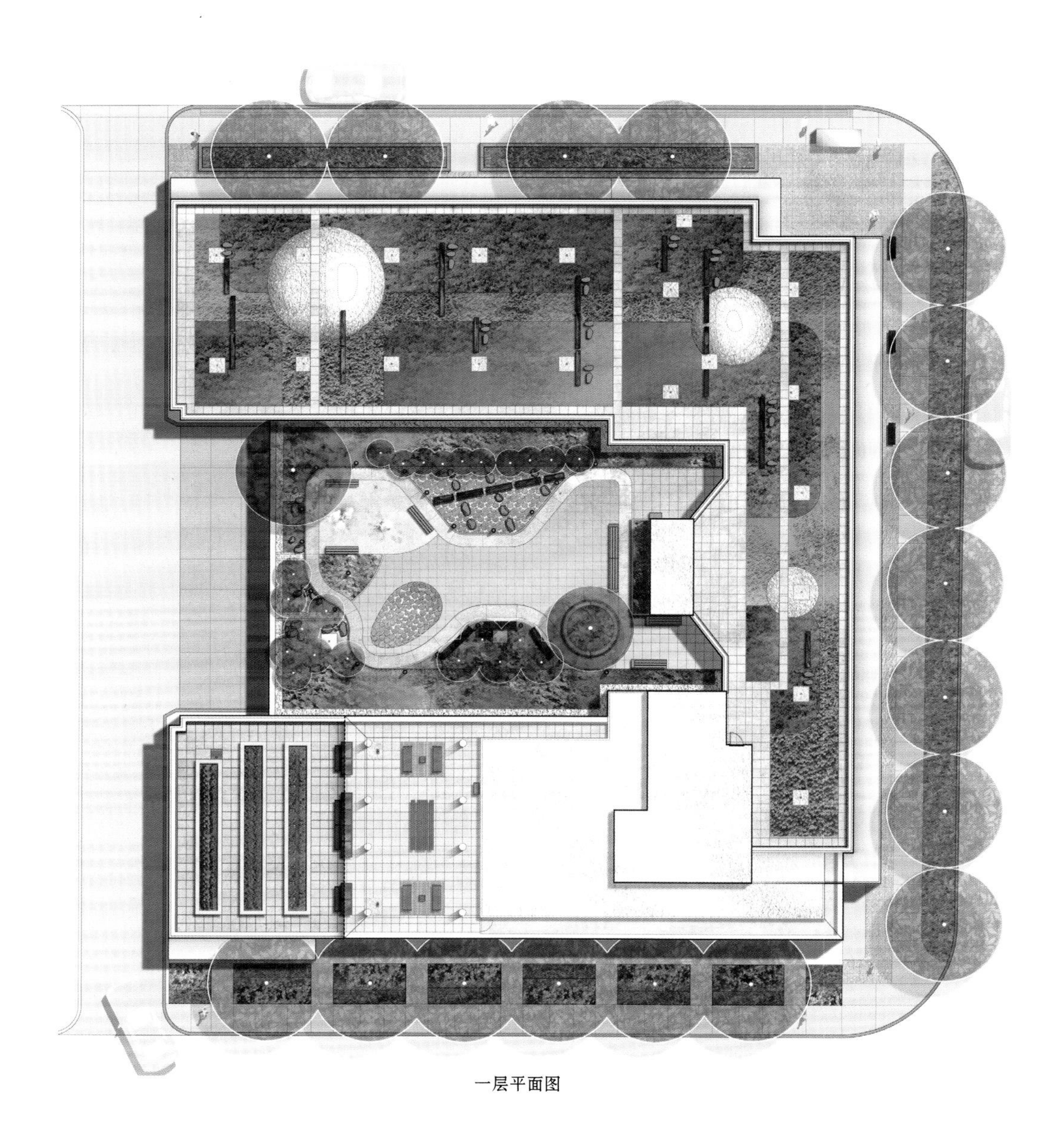

一层平面图

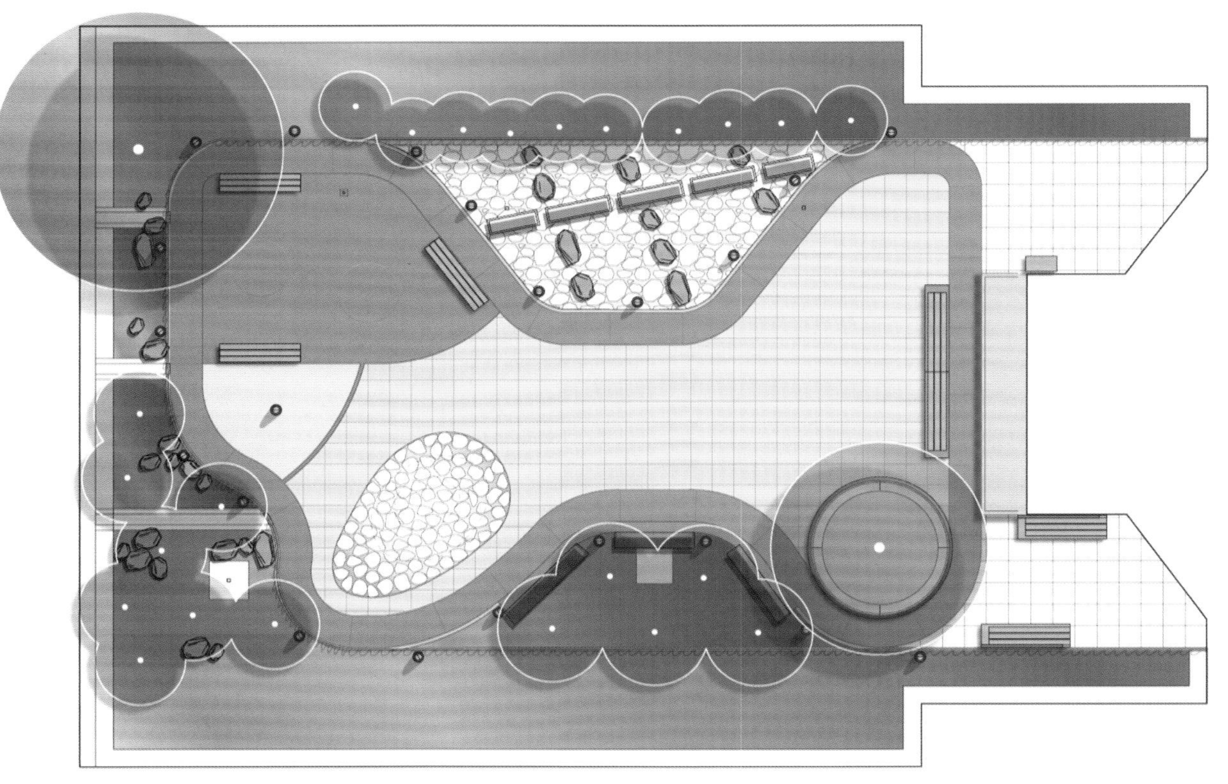

二层平面图

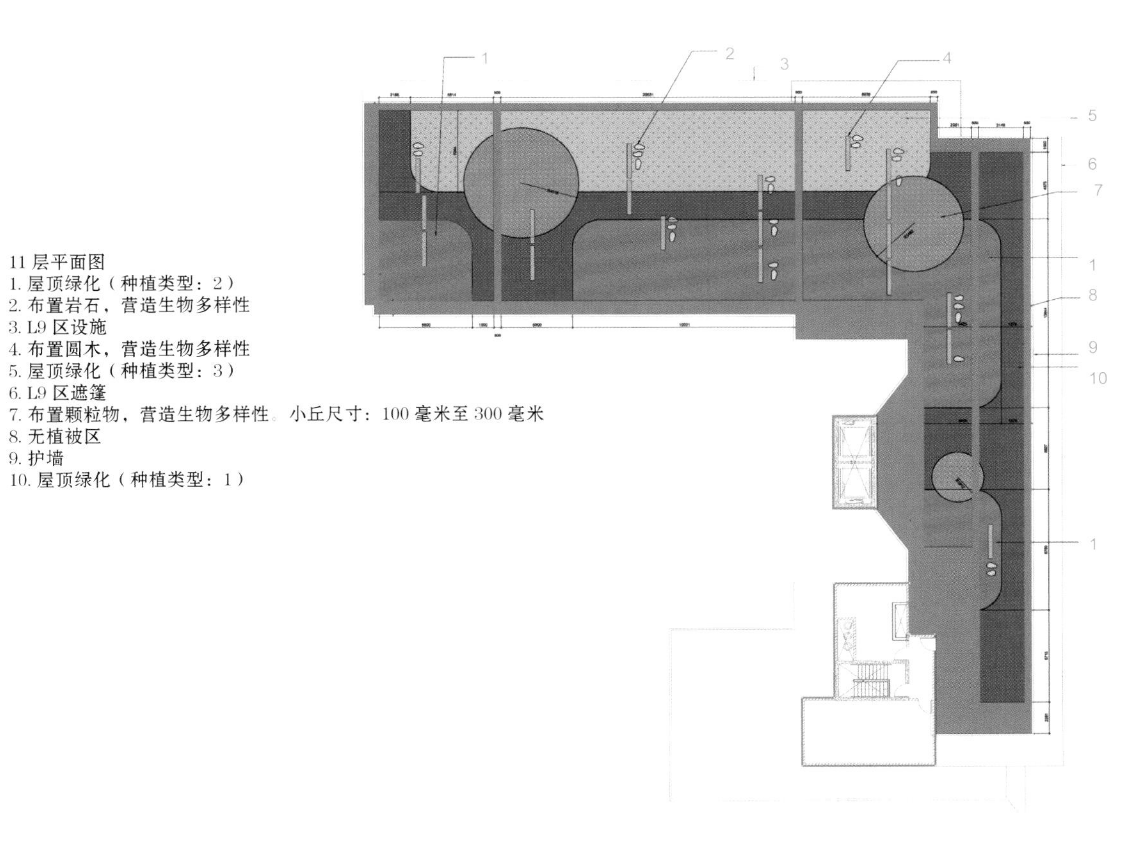

11 层平面图
1. 屋顶绿化（种植类型：2）
2. 布置岩石，营造生物多样性
3. L9 区设施
4. 布置圆木，营造生物多样性
5. 屋顶绿化（种植类型：3）
6. L9 区遮篷
7. 布置颗粒物，营造生物多样性。小丘尺寸：100 毫米至 300 毫米
8. 无植被区
9. 护墙
10. 屋顶绿化（种植类型：1）

街道绿化布置在建筑的三个侧面，选用低维护本地原生乔木和灌木，遮阳挡雨，美化环境，打造了让行人备感亲切的街道形象。

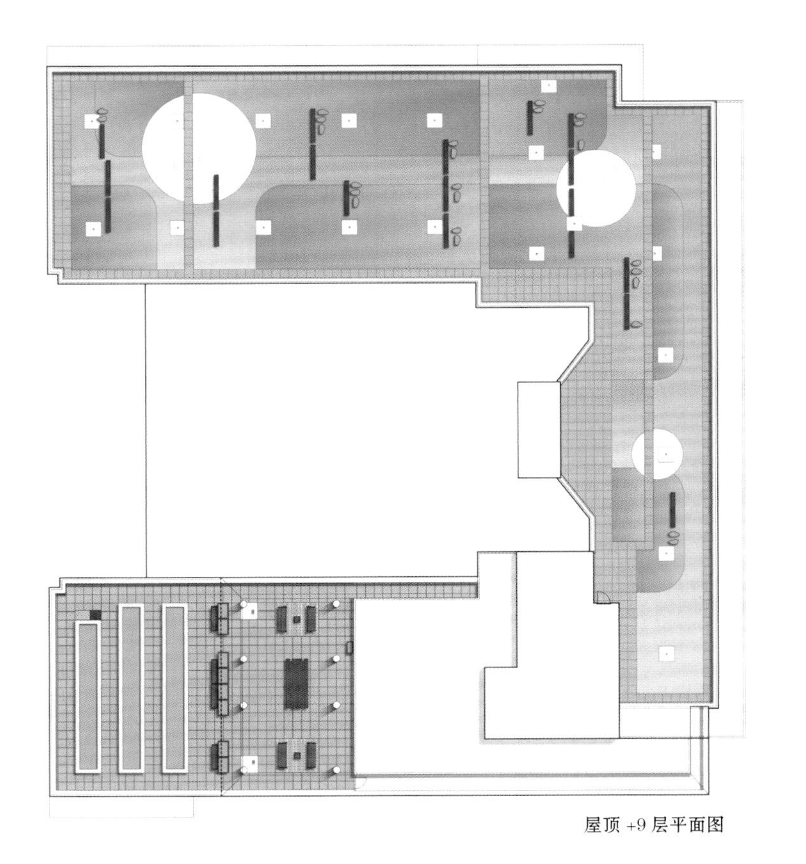

屋顶 +9 层平面图

**设计单位**：英国 Gillespies 景观事务所　　**建筑设计（概念设计）**：约翰·麦卡斯兰合伙人事务所（John McAslan + Partners）

**摄影：**约翰·斯特罗克（John Sturrock）　　**面积：**4610平方米

**英国，肯辛顿**

# 荷兰公园别墅景观

*本案植物配置旨在保证景观全年的观赏性，同时考虑到所有植物品种对生长环境的要求。设计目标是创建成熟的植被群落，树木、灌木和草本植物以不同的搭配方式结合，让各种植物能在群落环境中混合生长。*

荷兰公园别墅（Holland Park Villas）地理位置优越，俯瞰植物繁茂的荷兰公园，是肯辛顿－切尔西区内开发的一个封闭式住宅区。建筑设计由约翰·麦卡斯兰合伙人事务所（John McAslan + Partners）操刀，包括四栋现代“别墅”，包含68间公寓和4个阁楼，Gillespies景观事务所设计的私人庭院花园和林地景观丰富了住宅区的户外风景。

景观设计充分利用了用地完美的地理位置，通过三个精心设计的景观区将公园的绿意引入别墅的中心。从小区入口的一棵引人注目的红槭树，到美丽的中央庭院，小径从贴近大自然风格的景观中蜿蜒而过，通向小区边的一条宁静的林荫散步道。

进入小区，首先映入眼帘的是大堂优雅的落地窗。居民可以透过玻璃看到令人惊叹的庭院景观。之后，进入中央庭院。中央庭院的景观设计得成熟、自然，集树木与软植于一体，灵感来自本土的林地公园。树木和植物的混合、搭配和布局都经过精心设计，确保景观全年的观赏性，并保证居民的宁静和隐私。花园四周都有精心修剪的树篱和水渠，划定出庭院和居民私家花园之间的分界线。中央小径上设有桥梁，通向别墅。

中央小径以石材铺装，是一条穿过庭院、通向别墅的精心规划的路线，一直通向小区边的林荫散步道。走过中央小径，接下来是踏步石，蜿蜒穿过大自然风格的观赏性景观，带你遇见令人赏心悦目的景致——隐藏在植物中的倒影池、座位区以及修剪整齐的球状植物，为自然风格的景观增添了有趣的人工表达。

庭院通过台阶过渡到宁静的林荫散步道。这里为居民提供了一个可以安静地散步，与大自然接触的地方。林荫散步道的景观由野花、蕨类植物和桦树组成，层次分明，在人造景观中透出自然之趣。

植物列表

| | |
|---|---|
| 桦树 | 鬼灯檠 |
| 鸡爪槭 | 巨根老鹳草 |
| 红山紫茎 | 大叶唐松草 |
| 拉马克唐棣 | 大花波鸢尾 |
| 红豆杉 | 牡丹 |
| 水仙 | 淫羊藿 |
| 雪钟花 | 紫花苜蓿 |
| 郁金香 | 槭叶草 |
| 臭嚏根草 | 金知风草 |
| 黑嚏根草 | “德文绿” 玉簪 |
| 多茎拉马克唐棣 | 多育耳蕨 |
| 黄芪 | 苔草 |
| 黑升麻 | 蔷薇变种大戟兰 |
| 胡氏水甘草 | 绣球花 |
| 岩白菜 | 金缕梅 |
| 西伯利亚鸢尾 | 红山紫茎 |
| 落新妇 | |

庭院手绘示意图

**关于植物：**

荷兰公园别墅景观的植物配置旨在保证景观全年的观赏性，同时考虑到所有植物品种对生长环境的要求。树木、灌木和草本植物以不同的搭配方式结合，彼此相容，同时也与用地的环境相融。这些植物对生长环境的条件有着相同的要求。有些搭配组合需要更多的光照，有些则适用于阴凉处。设计目标是创建成熟的植被群落，让各种植物能在群落环境中混合生长，最大限度地提高景观的弹性（恢复力）。

乔木的层次包括桦树、鸡爪槭、红山紫茎和拉马克唐棣等不同的多干和单干乔木。

设计理念手绘示意图

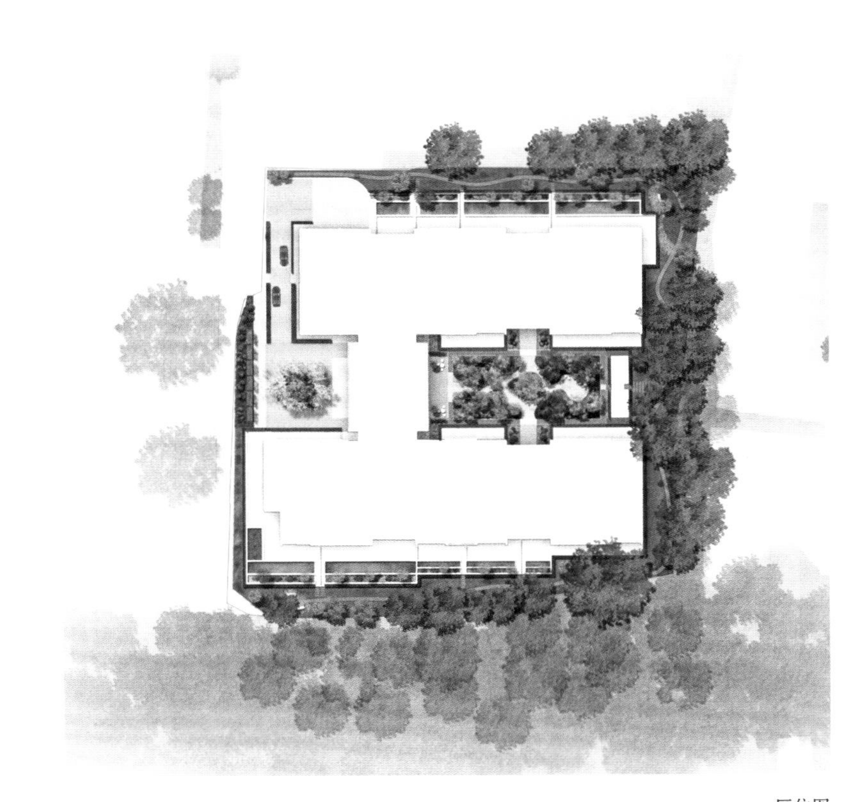

区位图

设计理念手绘示意图

灌木的层次以常绿和落叶灌木为主，保证了景观全年的高度和结构。常绿红豆杉树篱是中央庭院和私人台地花园之间的缓冲。

春季，花园里会长出许多鳞茎类植物。这些植物会从绿毯一样的茂密的多年生植物层上长出来。品种包括水仙、雪钟花和几种郁金香，此外还有臭嚏根草和黑嚏根草。多茎拉马克唐棣春季开花，补充了鳞茎类植物层。

整个夏季，不同的多年生植物将在不同时间开花，为花园增添色彩、质感和高度。品种有黄芪、黑升麻、胡氏水甘草、岩白菜、西伯利亚鸢尾、落新妇、鬼灯檠、巨根老鹳草、大叶唐松草、大花波鸢尾和牡丹等。所有这些开花的多年生植物和其他地被植物一起种植，地被植物的选择旨在全年形成一层厚厚的绿毯。植物的选择考虑到质地和叶形，特别是不同色调的绿，以便营造层次效果。品种包括淫羊藿、紫花苜蓿、槭叶草、金知风草、“德文绿”玉簪、多育耳蕨、几种苔草和蔷薇变种大戟兰等。

在秋季的几个月里，灌木和多年生植物将给花园增添色彩，如金知风草、柳叶水甘草、绣球花、金缕梅、红山紫茎和鸡爪槭等。

（“关于植物”部分的文字由 Gillespies 事务所景观设计师贾科莫·古宗（Giacomo Guzzon）撰写。）

# 可持续排水系统设计中的植物配置

文：鲍勃·布雷（Bob Bray）、凯文·巴顿（Kevin Barton）

鲍勃·布雷（Bob Bray），凯文·巴顿（Kevin Barton），英国罗伯特 + 布雷景观事务所（Robert Bray Associates）景观设计师，专攻“可持续排水系统”设计（SuDS），该公司在这个领域有 16 年的实践经验，致力于打造可持续排水设计标杆。

## 历史回顾

据估计，英国曾经有 40% 的土地被湿地栖息地覆盖，包括芦苇床、湿地、沼泽和河滩等，是我们的祖先无法逾越的一道景观屏障。植被为土壤提供了有弹性的覆盖物，减缓了水流的速度，并且在水渗入地下或者在地表流动最终汇入河流或海洋的过程中过滤水流。

## 重新发现遗失的资源

让雨水“藏”在管道中两个多世纪之后，我们现在开始意识到我们遗失的资源，并且正在尽可能地在景观中利用降雨，用创意的方式，贴近大自然的方式，来管理雨水。这项运动在全球有各种各样的名字，包括：英国的“可持续排水系统”（Sustainable Drainage Systems，简称“SuDS”）；澳大利亚的“水敏性城市设计”（Water Sensitive Urban Design，简称“WSUD”）；中国的“海绵城市”；美国的“水资源综合管理”（Integrated Water Management，简称“IWM”）。

## 建设更健全的全球城市体系

现在，植物覆盖的表面和透水性铺装表面需要我们做更多的工作，以确保城市开发中雨水得到“良好的控制”，变成“清洁的水流”。地表必须能够截留雨水冲刷中的沉积物和污染物；减缓屋顶、道路和停车场等坚硬表面的径流；为微生物提供栖息地来分解有机污染物；保护地表免受侵蚀；让雨水缓慢地渗入地下；当然，还要改善地表所在空间的外观、可用性和生物多样性——对可持续排水系统中的植物配置来说，这并不是一项简单的任务。

## 植被在雨水管理中的作用和标准

在可持续排水系统中，我们对植物的要求更高，以便帮助我们实现上述的目标。在植物品种的选择上，这就需要我们采用不同的方法，让我们在城市开发中产生新的美学。

## 大部分时间都没有下雨

虽然感觉上并不是这样，但其实英国大部分时间都没有下雨。

关于可持续排水系统以及植物的设计，有一个常见的误解，那就是，需要用湿地或者水边的植物品种。可持续排水系统在大多数时间里不能利用降雨，通常只是实现良好的排水，因此，可持续排水系统中植物设计的最大挑战实际上是干旱。只有我们在设计中有意地创造池塘或湿地，或者我们知道某个地方的环境会长时间保持潮湿，我们才应该使用湿地植物。

## 湿地与池塘边缘的植物设计

湿地和水边的植物种植通常使用本地品种，除非能够证明如果使用外来品种会对当地的自然栖息地产生很小的影响。这是由于历史上很多外来植物品种入侵的案例，比如澳大利亚沼泽景天和喜马拉雅凤仙。

植物可以直接种植在湿地和池塘边，或者预先培植在种植床内。植物的选择可以侧重那些外观具有吸引力的本地品种，特别是在住宅周围以及一切“供人生活的地方”，以获得社会认可。比如说，英国本地植物可以使用春季开花的金凤花，还有晚些时候开花的黄鸢尾和千屈菜。

薄荷、婆婆纳以及其他地被植物适合种植在水边，能固定水边土壤。苔草（例如尖叶苔草）和莎草（例如塞浦路斯莎草），整个冬季都生长良好，能保证景观的

福特皇家学校( Fort Royal School )可持续排水池塘：水边种植黄鸢尾、薄荷、婆婆纳和千屈菜。

观赏性。

有关这方面可以参考《可持续排水系统——最大限度地挖掘人类和野生动物的潜力》，由皇家鸟类保护协会（RSPB）、野生鸟类与湿地基金会（WWT ）出版，第 37 页，植物列表。

## 流水：草沟与洼地

当水流过可持续排水设计中的土壤表面时，比如过滤带、草沟和洼地，植被的一个重要功能是固定土壤，防止流失和侵蚀。草皮一般保持在 100 毫米的最小高度，以确保每天的降雨过滤，150 毫米的最大高度，以防止“倒伏”，即草叶被风或水压扁。

除非草沟和洼地本身可以永远保持湿润的环境，否则，简单的草类植物混合种植通常是必要的，以确保在可持续排水系统的地表迅速建立草皮表面。草坪拥有现成的草皮表面，但是季节依赖性很强。蓖麻网或黄麻网可以在播撒草籽之后保护草沟和洼地，直到草皮形成。草籽里面可以包含野花，但野花通常更适合草甸。

## 野花草甸

近年来，随着人们认识到带野花的长叶草通过渗透和蒸腾作用能带走更多的雨水，在可持续排水系统设计中使用野花草甸已变得越来越普遍。野花草甸也比短叶草更具生物多样性和视觉吸引力。

圣彼得学校（St Peters School）：使用一年生矢车菊作为保护作物，帮助形成多年生野花草甸。

小修道院公共雨水草甸（Priory Common Rainmeadow）：林地边缘草甸，有牛欧芹、春季开花植物和鳞茎植物。草皮经过修剪，现在，这片草甸能够有效帮助附近道路雨水径流的渗流。

联合自然保护委员会（JNCC）已经确认了一些低地草原生境类型。

这些类型范围从干草原生境（可以用石灰石，或者是适合屋顶绿化使用的中性至酸性的材料），到低地草甸生境（灵感来自季节性放牧的干草牧场），甚至漫滩草地，比如威尔特郡的克里克莱德草场（Cricklade meadows）中的贝母草甸。

可用于创建这类草甸的混合草籽有多种类型，但播种实施中需要小心仔细，并检查英国种源情况以及是否适合当地条件。

### 渗水表面：干燥花园植物种植

当水直接渗透到透水种植表面，比如屋顶、雨水花园、生物滞留物以及定制的土壤基质，更具观赏性和表达性的植物设计可以给可持续排水系统的景观带来更多的价值。

最近，可持续排水系统设计有一个创新，就是在没有既定表层土壤的城市空间中使用人工创建的自由排水土壤，有时还会在表面加一层砾石保护层。这给我们的植物设计提供了一个新的机会，我们可以以贝思·查特（Beth Chatto）在艾塞克斯（Essex）设计的花园的经验为基础进行改进。贝思的设计是一种类似草原的种植，由皮特·奥多夫（Piet Oudolf）提出，谢菲尔德大学（Sheffield University）最近有一些新的改良。

植物的选择是基于植物在干燥条件下生存的能力、维护的需求和持续的时间。砾石覆盖物和土壤提供了可持续排水系统中水的过滤和管理所需的条件。

### 蓝屋顶、绿屋顶

在蓝屋顶（有水景）或绿屋顶（有绿化）上，稍微增加生长介质的深度，就能实现生物多样性和比常见的景天植被屋顶更具观赏性的植物种植。现在，有些案例中的这类植被屋顶已经存活了几十年了。

100~150 毫米的土壤深度比使用 50 毫米土壤的景天屋顶允许更多样化的种植，并且，多年来屋顶浅层土壤种植的很多案例已经证明经不起时间考验。植物的种植可以根据经英国政府自然保护顾问组织（JNCC）认定的“低地石灰性草地生境”来选择，或者使用鳞茎类植物和低矮的草本植物，这些植物更适合高山环境，带来更好的视觉享受。

拉斯金磨坊的田间厨房（Field Kitchen at Ruskin Mill）：增加土壤深度，营造花卉丰富的草场效果。

## 雨水花园

最初的雨水花园设计是用来收集来自住宅楼干净的楼顶和车道的雨水径流。雨水花园可以“园艺化”，即，使用耐积水的观赏性植物。雨水花园使用的改良的、排水良好的土壤，通常能在 24~48 小时内排水，并且可以使用许多来自于草甸生境的园艺花卉。

雨水花园植物的选择应该考虑让植被形成一个封闭的冠层，理想情况是，植物的根须结构应起到良好的固化土壤的作用。应该选择一年四季都“存在”的植物，要么像芦苇那样常绿，要么像软羽衣草那样“死而复生”，要么像许多草类植物（比如芒草和佛子茅）那样保有枯死的茎秆。

布里奇特·乔伊斯广场（Bridget Joyce Square）：草本植物和观赏性植物混合种植，打造城市雨水花园的亮丽风景。

## 生物滞留雨水花园

生物滞留雨水花园，有时又称为“生物租用”雨水花园，通常用于空间有限的城市公共环境，这些地区没有足够的空间实现其他的可持续排水设计，来达到足够的污染物清除效果。生物滞留雨水花园的设计旨在接收更多的污染径流，比如来自公路的雨水径流，通过特殊的土壤混合物和砾石排水层，实现过滤和生物修复的效果。

生物租用雨水花园通常对城市景观有所帮助，并应全年具备观赏价值，但应该很容易维护，不论是景观工程承包商或地方政府的工作人员都能完成其简单的维护工作。

植物可以在地面高度使用地被植物，以帮助稳固土壤，同时保持土壤开放以进行渗透。常绿灌木用于视线高度，有时还可以使用垂直灌木和乔木。

地被植物必须能够经受偶尔的践踏，并能够自我修复，比如爱尔兰常春藤、小蔓长春花或巨根老鹳草等。

灌木应具有枝条紧密缠绕的特点，比如野扇花、墨西哥橙树、卫矛、冬青叶十大功劳等。

高一些的灌木可以选择唐棣、八角金盘或里士满南天竹等。

选择乔木时要考虑生长习性和叶片特性，以免抑制地被植物或阻塞出入口。桦树、苹果树或花楸树都能满足这些要求。

芦苇一年四季都存在，冬季是底部的叶子，夏季有花朵和球状种子，能一直保持到二月。

## 新的表达

通过景观的开发实现以可持续的方式管理雨水，这给设计师的植物配置带来新的功能性的考量，让我们在普遍的常绿灌木选择之外有了新的表达。

对于冒险者来说，这也是一种机遇，去开发具有更深的关联性和新鲜美感的新的植物美学。

**景观设计**：LDA 设计公司（LDA Design）

**摄影：**坎农·艾弗斯（Cannon Ivers）　　**面积：**1.9 公顷

英国，伦敦

# 巴特西发电厂临时公园

*公园内设计了多种景观形态，有林地步道、带状“雨水花园”以及各种多年生植物配置，呈现出环境四季的变换，既具有观赏性，又起了到雨水处理的作用。*

巴特西发电厂临时公园（Battersea Powerstation Pop-Up Park）是巴特西发电厂历史上首个面向公众开放的绿色空间，该公园的设计与建造使这块废弃的棕地重新焕发生机。

2013 年 5 月 18 日，巴特西发电厂展示馆与临时公园作为切尔西园艺节（Chelsea Fringe Festival，伦敦的一场园艺盛会）的一部分，正式向公众开放。这座公园占地 1.9 公顷，里面有一栋三层高的展示馆，展示了由伊恩·辛普森建筑事务所（Ian Simpson Architects）设计的一期工程的建筑。景观设计由英国 LDA 设计公司（LDA Design）负责。这座公园内包含了多种景观形态，有林地步道、80 米长的带状“雨水花园”以及各种多年生植物，呈现出环境四季的变换。这是巴特西发电厂历史上首个公共空间，一期工程的建设让公众对这一项目今后的开发更加充满期待。

巴特西发电厂临时公园的设计理念非常简单，就是要凸显发电厂建筑强烈的线条感和装饰派艺术风格（Art Deco）。公园内有一片宽阔的草坪，可以举办各种活动，从这里可以眺望发电厂建筑的北侧以及沿河停放的历史悠久的起重机。带状铺装呼应了发电厂大楼立面上的开窗方式，呈现出一致的景观处理，让公园显得和谐统一。西侧入口处的带状铺装以西侧烟筒为中心，呈现出放射状，逐渐过渡到与发电厂垂直，让树木、植被和发电厂大楼融为一个整体。带状铺装起到划分空间结构的作用，并且能够指引视线穿过独立式木质种植槽，种植槽同时也是座椅，人们可以坐在树下享受阴凉。

公园内大量种植观赏性植物，美化了环境，植被结构会随着季节发生变化。公园内有多种景观形态。第一种是林地步道，由多条蜿蜒的小路组成，分布在林下植被和半成熟的树木中

“绿色屏障”植被设计

屏障前部。植被最高高度：600 毫米；呈现出四季的变化（有种子穗和球茎）。

石竹：高 450 毫米；
花期为 7 月 ~ 9 月

水苏：高 450 毫米；
花期为 6 月 ~ 9 月；
种子穗具有观赏性

绣球葱：高 600 毫米；
花期为 6 月

郁金香：高 600 毫米；
花期为 5 月

针茅：高 600 毫米；
花期为 7 月 ~ 9 月

树篱：高 600 毫米；
常绿

屏障中央。植被最高高度：600 毫米；有些芳香植物可高达 1.2 米。

天蓝草：高 450 毫米；
花期为 7 月 ~ 8 月；
半常绿。
鼠尾草：高 500 毫米；
花期为 5 月 ~ 9 月

糙苏：高 1.2 米；
花期为 5 月 ~ 8 月；
有种子穗

普罗草：
高 600 毫米；
花期为 8 月 ~ 9 月

刺芹：
高 1.5 米；
花期为 7 月 ~ 9 月；
种子穗具有观赏性

鹿舌草：高 600 毫米；
花期为 7 月 ~ 9 月；
种子穗具有观赏性

石蒜：高 400 毫米；
花期为 9 月 ~ 10 月

屏障后部。主要种植观赏性禾本植物，作为“绿色屏障”的背景。主景植物可高达 1.5 米。

早熟禾: 高 700 ~ 900 毫米;
半常绿

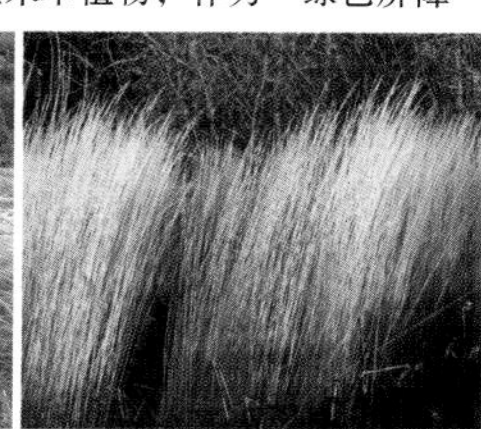
拂子茅：
高 1.2 米；直立状

俄罗斯糙苏：
高 900 毫米；
花期为 5 月 ~ 9 月；
种植的主要目的是为整个冬季带来观赏性的种子穗

狼尾草：
高 1.8 米；
花期为 7 月；
种植的主要目的是为整个冬季带来观赏性的种子穗

黄雏菊：
高 1.8 米；
花期为 6 月末；种植的主要目的是为整个冬季带来观赏性的种子穗

马鞭草：
高 2 米；
花期为 6 月 ~ 9 月；
冬季呈现出较好的植被结构

间。林地步道是设计师新增加的景观元素，优美的风景让人们忘记他们正身处世界上最大的开发项目之一。走过林地步道后，就来到发电厂展示馆，周围是一片绿色植被，都是多年生草本植物和观赏性植物。

公园内的一大特色园艺景观元素是80米长的带状“雨水花园”，位于草坪的北侧。这是一个天然的可持续排水系统，能够收集周围坚硬地面上的所有地表水，所以用地上无须再设置排水设施。植物品种都是精心选择的，能够适应干旱期和暴雨期（暴雨时可能有积水）。

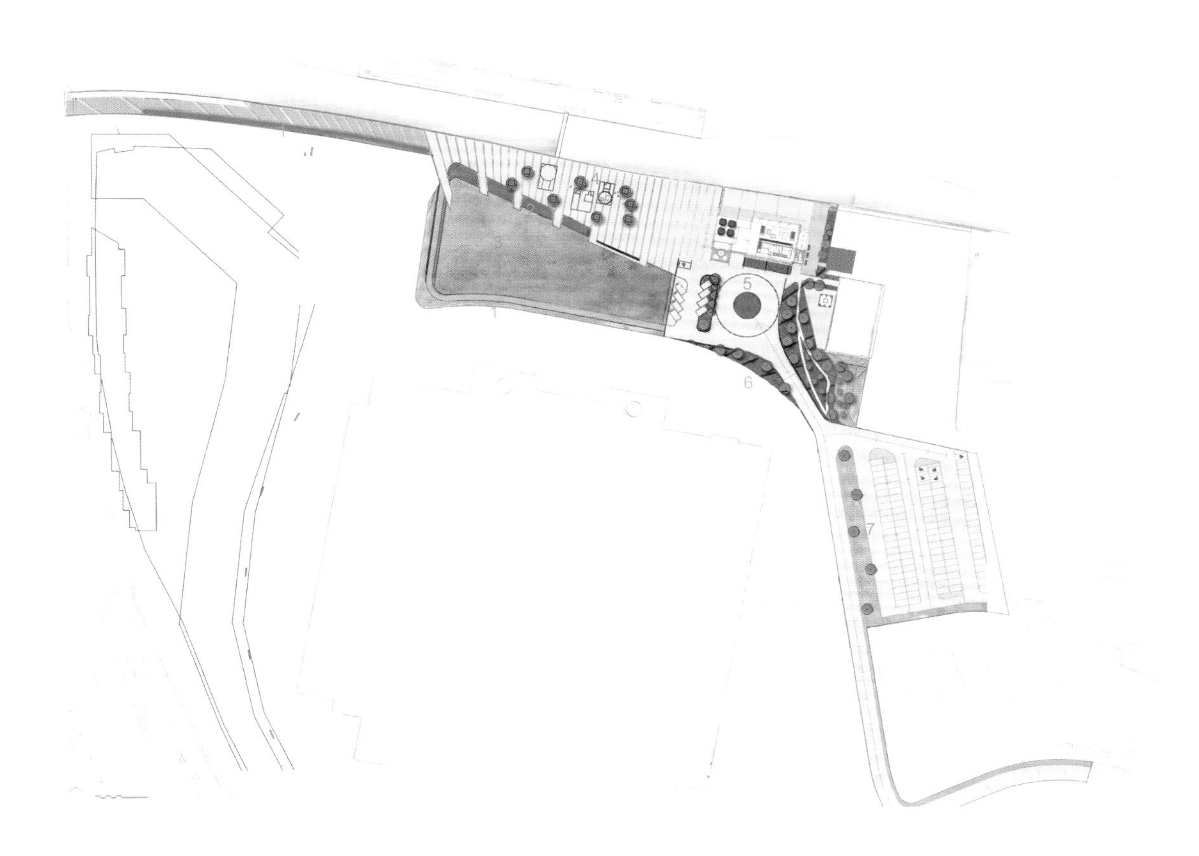


平面图
1. 草甸
2. 草沟
3. 草坪
4. 花池
5. 观赏性边界绿化带
6. 林地植被
7. 后方草地

THE PLACE
MAKERS

BATTERSEA

巴特西发电厂临时公园充分展示了临时性景观的作用。尽管使用寿命不长，但是对于体验过这里的环境和丰富植被的人们来说，这座公园仍将在他们的记忆中留下难忘的回忆，进而让他们期待这一开发区未来的形象。世界上再没有什么地方能够像巴特西发电厂这样将园艺景观与发电厂建筑完美结合，植被的绿意和生机让建筑的线条更加柔和。

## “雨水花园”

“雨水花园”能够收集周围硬质景观路面上所有的地表径流，作为一种天然的可持续排水方式，取代了常规的工程排水设施。植被凸显了环境一年四季的变化，即便在冬季也能为公园带来色彩。

## 林地步道

这条步道设置在林地中，周围是种类繁多的青翠、茂盛的植物，包括树木和林下植被。树木为狭窄的步道带来阴凉，使人几乎忘却自己正身处巴特西发电厂中。

### 植被

公园里茂盛的植被带来丰富的色彩——如果没有这座临时性公园，这片土地可能将是一片荒地。植被的特点、色彩和风格共同塑造了公园优美的环境，美化了这块工业用地，作为背景烘托了发电厂的建筑。

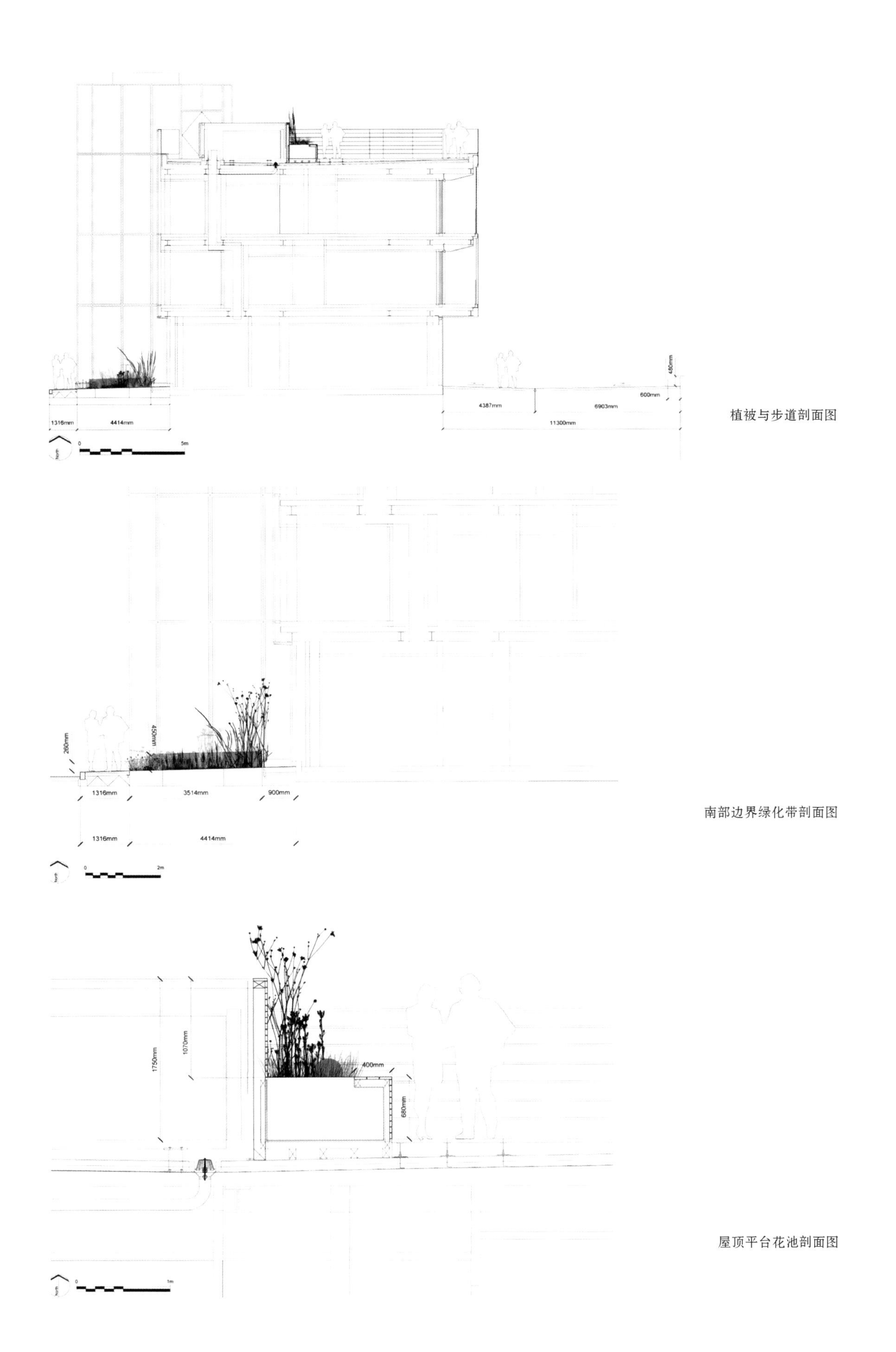


植被与步道剖面图

南部边界绿化带剖面图

屋顶平台花池剖面图

**委托客户：**北京宇科置业有限责任公司　**摄影：**MSP/ 张虔希　**面积：**6 公顷

中国，北京

# 北七家镇科技商务区

*本案是一个多功能区的景观设计，设计手法包括：雨水循环利用，高效节能用水；提高绿化率，缓和城市热岛效应；营造开发区内每个区域的“微气候”。*

北京市昌平区的北七家镇科技商务区，是北京科技商务区的一部分，也是这一商务区整体规划的一期开发工程。项目用地面积约为 6 公顷，是一个多功能开发区，包括住宅、办公与零售空间。

建筑和景观设计以取得美国 LEED 绿色建筑金级认证为目标，设计手法包括：高效节能用水；缓和城市热岛效应，即减少铺装路面的面积并提高绿化率；营造开发区内每个区域的“微气候”，即：屏蔽冬季的西北风，促进夏季的东南风。东南风经过南侧的大型水景后会更加凉爽。

本案的景观设计可以分为三个区域，每个区域满足不同的使用需求，分别是：商业零售区、中央公园和住宅区。商业零售区包括写字楼楼群周围的景观、写字楼之间的庭院景观、七北路林荫道和生态区景观，后者位于项目用地最北端，是一条生态景观走廊，其生态功能主要是收集并吸收用地上的所有雨水径流，形成一个湿度适中的生物栖息地。这里可以散步或闲坐。此外，开发区内极具现代艺术气息的两条标志性步道，其中之一也在这条生态走廊上，直通开发区的“绿色核心”——中央公园。中央公园是一片开放式空间，由“公共绿地”和“下沉花园”两部分构成。角落里的花园环绕着下沉草坪，花池里种植的是低矮的树篱、观赏性植物以及多年生植物。人们可以坐在花池的边缘，享受温暖的阳光，或者也可以躺卧在躺椅上，躺椅都设置在花园里阳光好的地方。从中央水景那边吹来清凉的微风，在城市的喧嚣环境中营造出海滩一般的氛围。

中央公园的另一大特色就是中央水景，使用的是经过处理的雨水，给附近居民以及广大市民带来戏水的欢乐，同时也将私密的住宅区与开放式公共空间分隔开来。

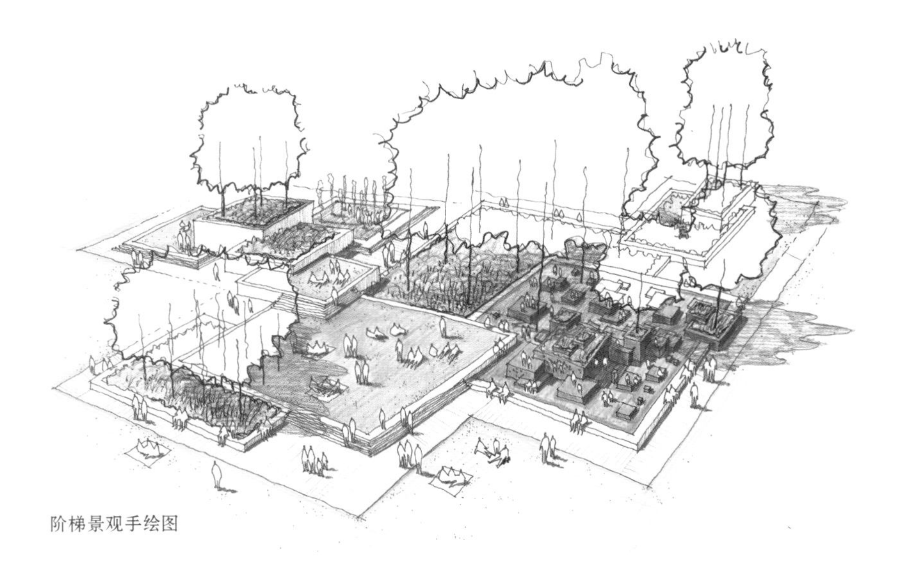

阶梯景观手绘图

住宅区位于南侧，这里有小型花园，利用高高的树篱或者特色墙呈现出半封闭式布局，营造出比较私密的景观空间，适合静谧的沉思。这里也有为儿童准备的独特的游乐设施，适合各个年龄段的儿童。此外还有健身区、带水景的花园以及各式各样的座椅，有的设置在阳光下，有的设置在阴凉处。每个空间都有着独一无二的设计，都能让你度过一段快乐的休闲时光。一条健身小径环绕着项目用地，可以在上面慢跑或散步。

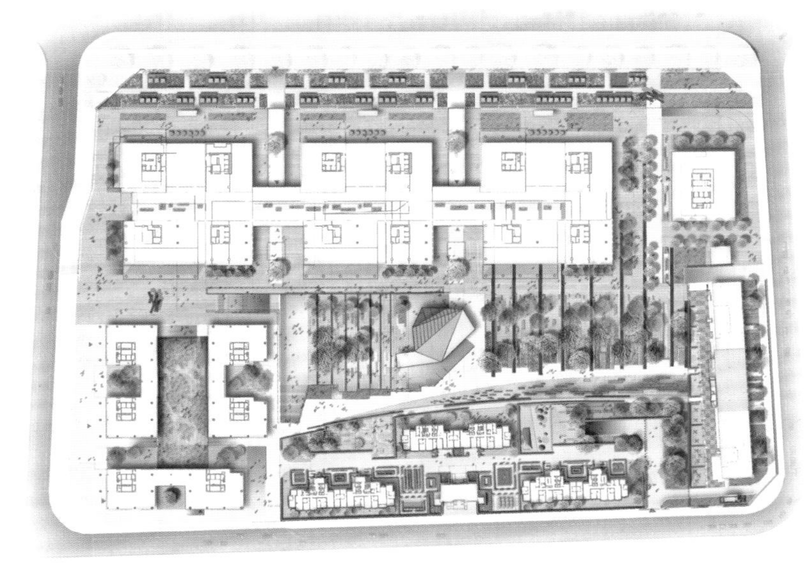

总规划图

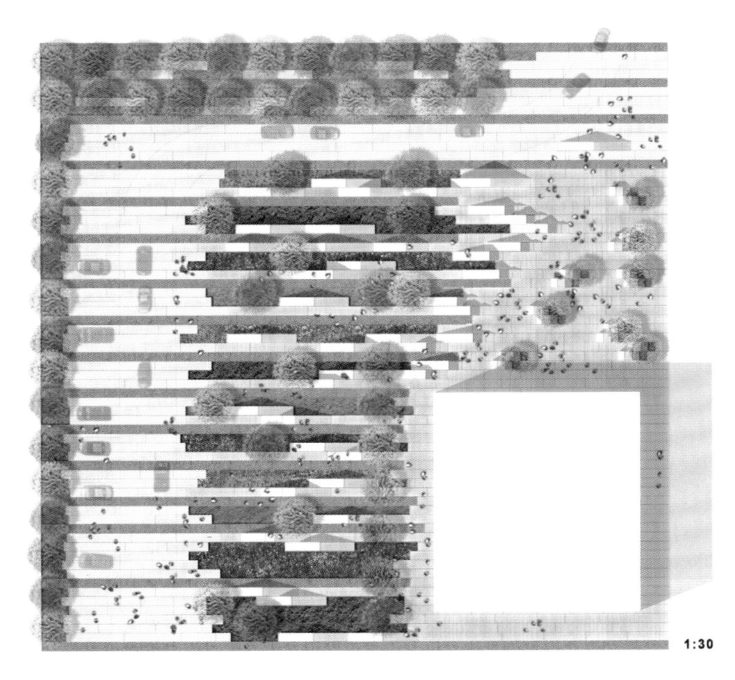


示范区平面图

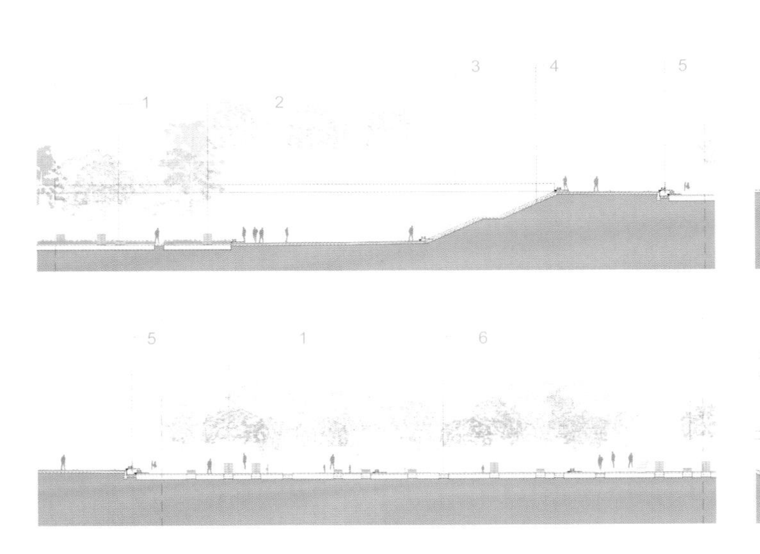


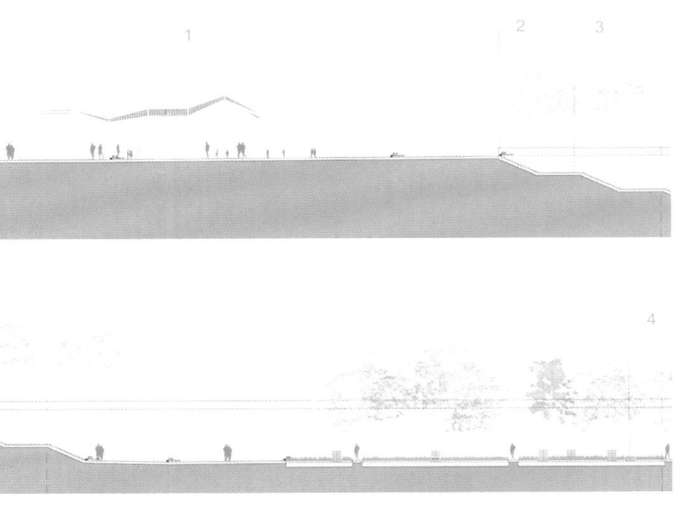


剖面图 EE（比例尺：1: 100）
1. 座椅 B1
2. 座椅 B2
3. 连续扶手
4. 花岗岩台阶
5. 斜坡
6. 北侧台阶

剖面图 EE（比例尺：1:200）
1. 西侧入口
2. 连续扶手
3. 花岗岩台阶
4. 座椅 B1

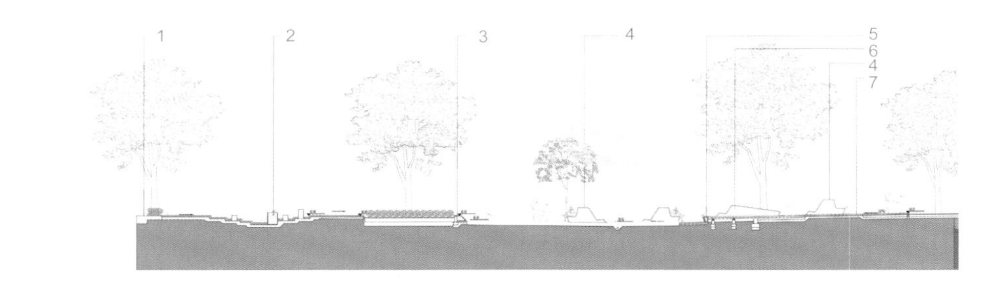


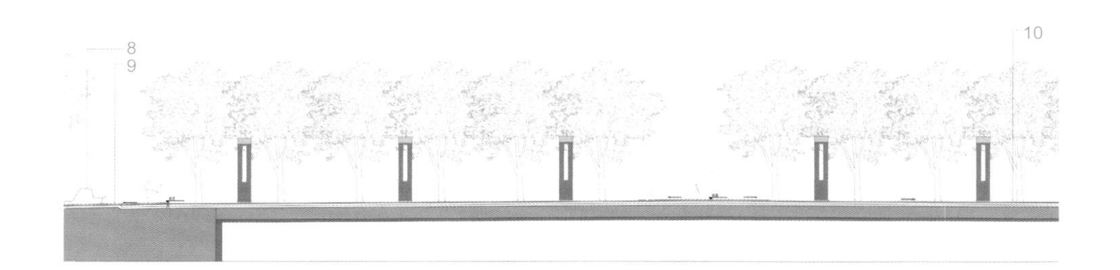


剖面图 BB（比例尺 1:100）
1. 绿篱
2. 水景
3. 花坛矮墙
4. 座椅 B2
5. 座椅 B1
6. 花岗岩铺砖
7. 斜坡（1.00%）
8. 斜坡（2%）
9. 斜坡（0.56%）
10. 斜坡（0.2%）

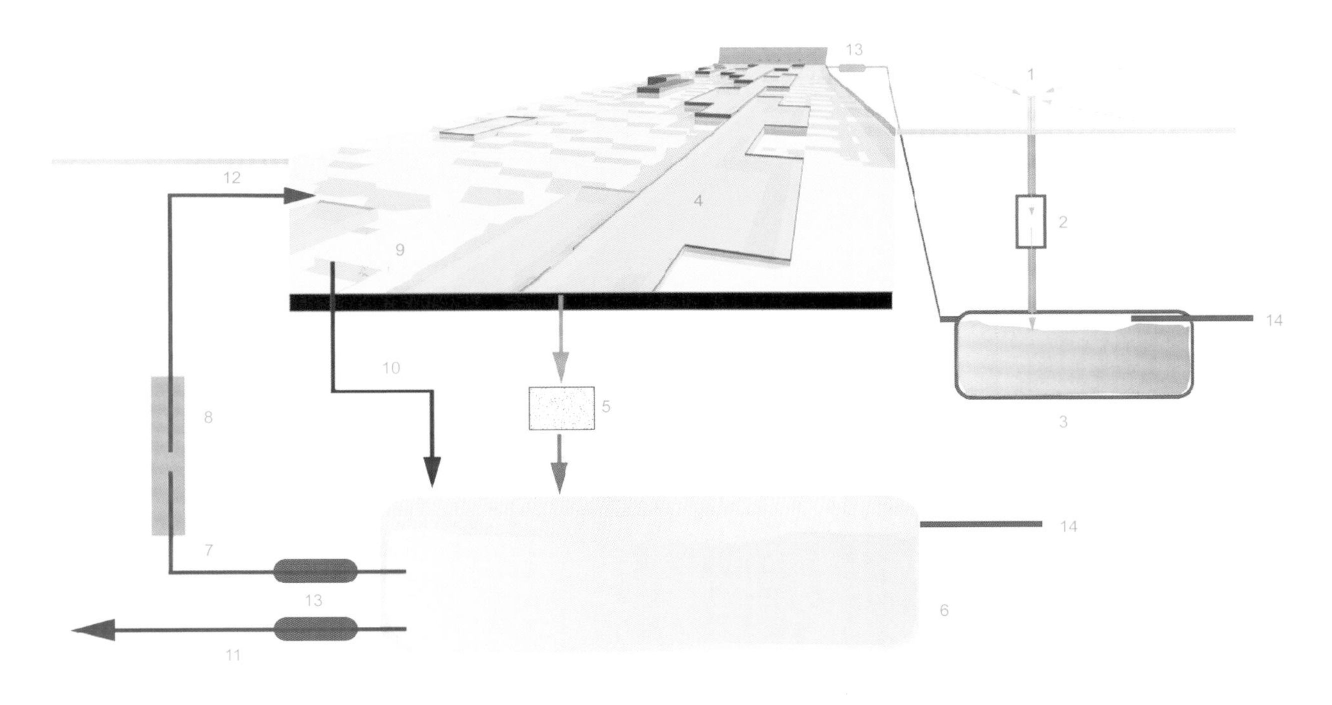


雨水管理设计图
1. 来自非透水地面的地表径流
2. 污染物预处理与颗粒物分离
3. 地表径流中间存储池
4. 雨水径流进入植物修复池
5. 过滤装置
6. 中央储水池（存储来自多处的经过处理的雨水）
7. 观赏水池排出物
8. 内嵌紫外线净化器
9. 观赏水池
10. 水流再循环，进入中央储水池进行氧化处理
11. 排出的雨水用于灌溉（最好配备雨水传感器）
12. 水流进入观赏水池
13. 水泵（标准型）
14. 溢流

剖面图 DD（比例尺：1:100）
1. 花岗岩路缘（可承汽车重量）
2. 座椅 B5
3. 花岗岩铺砖（可承汽车重量）

**设计单位：**玛丽安·莱文森景观事务所（Marianne Levinsen Landskab ApS）　　**工程设计：**尼拉斯工程公司（Niras A/S）

**摄影：**托本·彼得森（Torben Petersen）、卡尔斯滕·英格曼（Carlsten Ingemann）　　**面积：**21，000平方米

丹麦，菲特烈堡

# 林德万公园

*大型蓄水池与地面种植的植物配合使公园可存蓄700立方米的雨水，种有黑醋栗和苹果树的公共城市花园为附近居民带来可食用的水果和浆果。*

林德万公园（Lindevangs Park）位于丹麦菲特烈堡。2011年7月2日，菲特烈堡市经历了一场大暴雨，降雨量和强度都空前的大。暴雨造成城区被积水淹没。预计未来，由于全球气候变化的原因，这种程度的降雨会大量增加。

为使公园脱离雨水的侵害，同时存蓄雨水，避免附近低地被淹，设计师从公园既有条件着手，侧重儿童的游戏和活动，在公园中置入了具有双重功能的新设施。种有黑醋栗和苹果树的公共城市花园为附近居民带来可食用的水果和浆果；碗状的开阔草坪中设有一座半圆形的长凳，可用作舞蹈、戏剧表演、武术、滑板及轮滑的场地。

公园的东南侧是斯洛芬广场（Sløjfen），其设计灵感来源于曾经的电车轨道。一道长约80米、以斐波那契螺旋线为几何原型的水幕墙，可以起到收集和引导雨水的作用。这道水墙还可用作有关数列、黄金分割、指数函数以及微观和宏观宇宙中的各种自然结构和系统的教学工具。

斯洛芬广场上布置了一个大型蓄水池，再加上地面种植，可存蓄700立方米的雨水。这一为暴雨情况设计的结构，既能应对暴雨天气，又能满足公园中不同的活动需求，同时清楚地呈现出雨水在公园中的去向。

城市中的雨水令人感到神秘莫测——它在地下管道的引导下时隐时现，不知什么时候又会突然溢出。这也是本案设计思路的核心：水在城市中从不遵循逻辑，也往往无迹可寻，但我们可以通过测量和估算，运用我们掌握的知识，提出积极的应对方案。水是城市文化生活的一个永恒主题，催化着城市环境中不同活动的发生。

植物列表

**灌木：**

黑醋栗

**乔木：**

樱花树

皱叶木兰

苹果树

**草甸植物：**

珠蓍

剪秋罗

红剪秋罗

驴蹄草

凌风草

洋狗尾草

小穗发草

紫羊茅

匍匐翦股颖

**观赏性禾本及多年生植物：**

白毛羊胡子草

“克莱因”芒

花叶水葱

牡蒿

羊胡子草

大叶子

黑升麻

旋果蚊子草

乌头叶毛茛

苞叶大黄

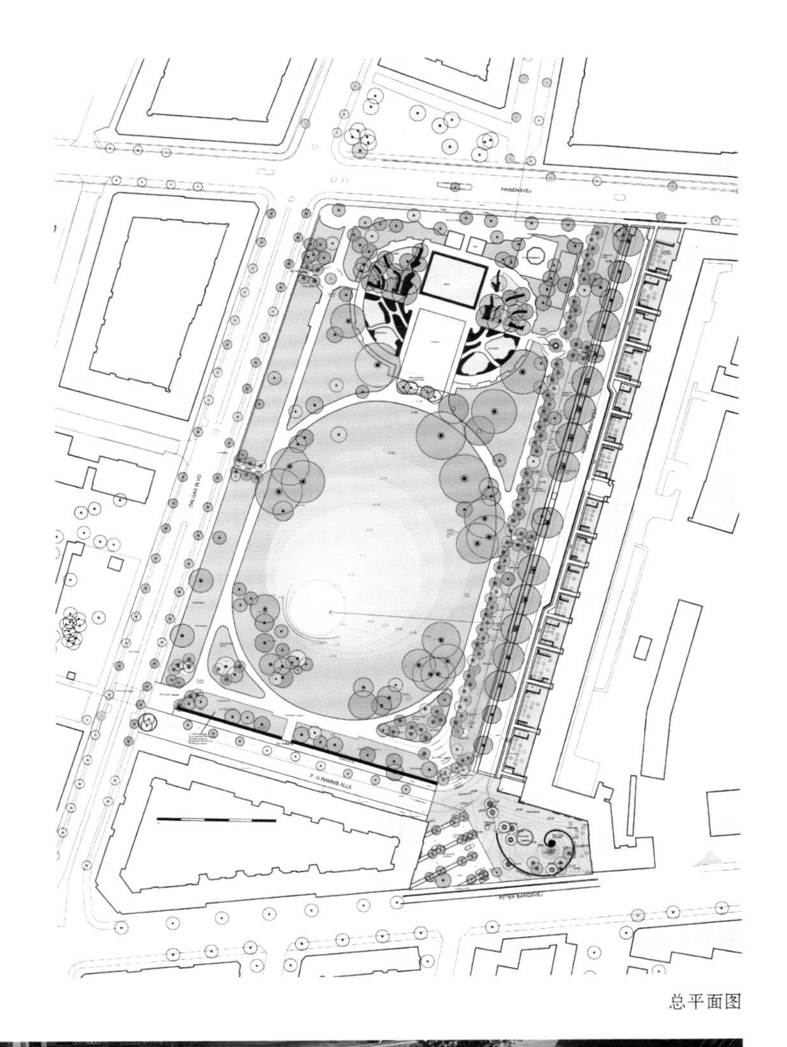

总平面图

**设计单位**：亚历克斯·花崎景观事务所（Alex Hanazaki Paisagismo）

**主创设计师**：亚历克斯·花崎（Alex Hanazaki）

**摄影：** 尤里·塞罗迪奥（Yuri Serodio） **面积：** 450平方米

巴西，圣保罗

# 埃利亚内广场花园

*景观设计融合了水上花园、丰富的植被以及简洁而醒目的建筑元素，植物配置了巴西红木以及各种巴西本土植物，体现了巴西的热带风情。*

埃利亚内广场花园（Eliane’s Plaza）既是现代公共空间，又体现了巴西的热带风情。景观设计融合了水上花园、丰富的植被以及简洁而醒目的建筑元素。

巴西圣保罗，一个令人眼花缭乱的、融合了多元文化的国际大都市，绿色空间却极为匮乏。这个花园曾经是一座临时建筑的入口，现在改造成一个小广场，可以举办公共活动。

广场面积约450平方米，规划为一座互动和沉思的花园，带给人强烈的感官刺激。花园入口处是一条走廊，头顶有光滑的金属凉棚，一侧是垂直绿化，使用本地热带植物，另一侧是错落排列的遮阳板，透过空隙可以窥见花园景色。自然光线的巧妙利用，给走廊营造出一种微妙的神秘氛围，让人不禁期待走到尽头会看到怎样的花园全景。

花园中心有一个宽广的镜面池，铺设的黑色石块由陶瓷废料制成，是制造商专门为这个项目开发的材料。水中的踏步石吸引游客近距离观察镜面池中心的“岛屿”和“壁炉”。

花园中设置了一系列长椅，表面贴瓷砖，营造出舒缓放松的氛围。地面铺装瓷砖具有自动清洗技术，降低了维护成本，避免开采天然石材。

巴西是唯一以树木命名的国家——国名源于巴西红木。令人惊讶的是，许多巴西人并不知道。项目采用了这种标志性树木，在种植上注意使其与周围已有树木相和谐。所用的巴西红木取自当地苗圃，设计的目的是启发游客使用和欣赏巴西本土那些经常被忽视的树种。所有灌木和地面植物均为本地品种，耗水量低，能适应当地气候。雨水用于灌溉和填充镜面池，LED照明有效降低能耗。

植物列表

巴西红木
铺地锦竹草
紫背栉花竹芋
狼尾蕨
琴叶榕
龟背竹
古钱冷水花
瘤蕨
菲白竹
欧洲凤尾蕨
欧洲胡椒
帝王喜林芋
竹叶喜林芋
仙羽喜林芋
日本结缕草

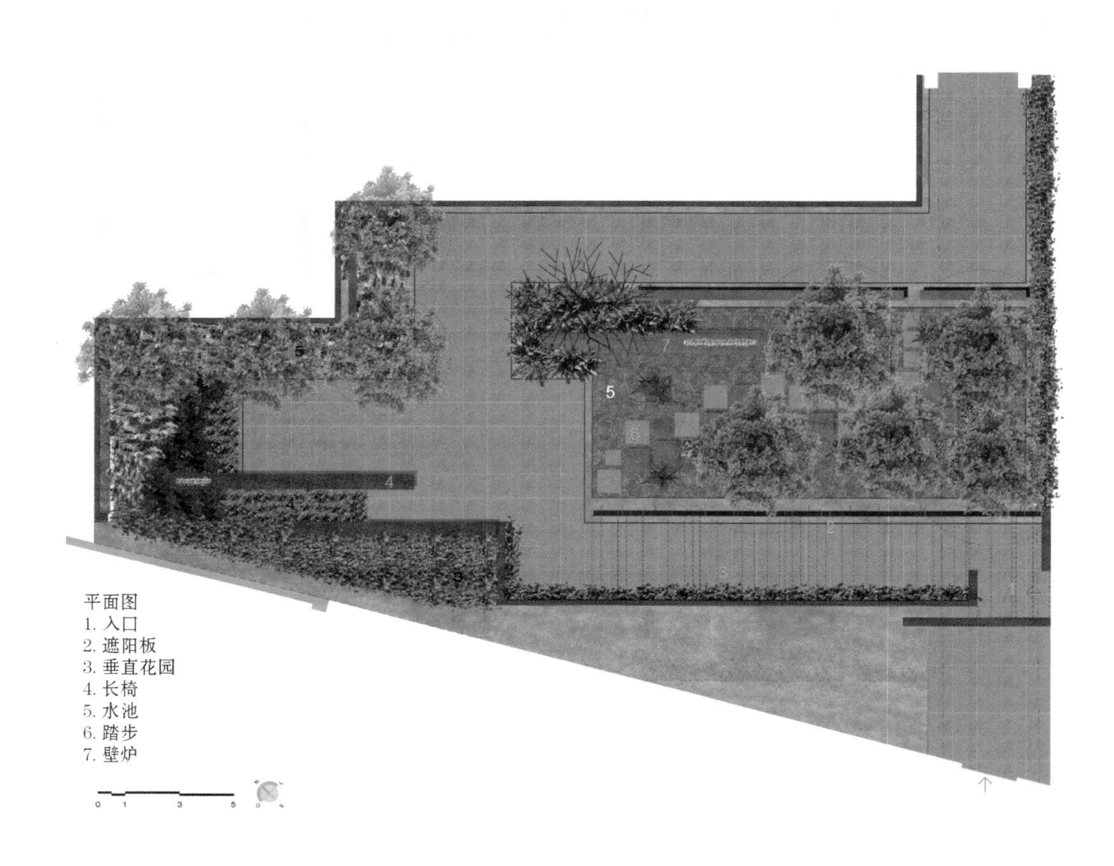


平面图
1. 入口
2. 遮阳板
3. 垂直花园
4. 长椅
5. 水池
6. 踏步
7. 壁炉

HANAZAKI

**设计单位**：Shma 设计事务所（Shma Company Limited）

**建筑设计**：DCA 建筑事务所（DCA Architects Pte Ltd.）

**摄影：**威森·唐森亚（Wison Thngthunya）　**占地面积：**35，000平方米　**景观面积：**30，000平方米

新加坡

# 丰树商业城二期

*大量种植花木、果树及灌木，将森林打造成蝴蝶、蜻蜓、鸟类和其他野生动物的栖息地，改善生物多样性。在雨水管理方面，每个小丘下都设有生态草沟，利用草沟中的砂层缓慢地过滤水流，过滤后的雨水随后流向蓄水池并用于灌溉。*

丰树商业城二期项目（Mapletree Business City II）位于新加坡岛西部。这里是一个以口岸和仓库为主的工业区域，除了毗邻肯特岗公园自然保护区（Kent Ridge Park Nature Reserves）以外，该区域的开发一向对自然环境考虑得不甚充分。项目用地占地面积 35，000 平方米，原本是混凝土表面的多层仓库建筑。由于新加坡的办公空间需求量不断上升，委托方决定将仓库拆除，将其改造为现代化的办公场所，与之前已经建成的一期办公大楼相连。设计着眼全局的整体规划，将全新升级的二期建筑布置在用地北端，这样，位于一期和二期中间的宽阔开放空间就成了一个共享的户外活动场所。同时，绿色植物替代了建筑原先的冷硬表面。

为了与肯特岗公园之间形成一条生态走廊，设计师在停车场建筑的楼顶打造了一个大型“森林生态系统”，作为丰树商业城的门户，也是一期与二期工程的交汇点。这个“森林生态系统”由一系列层叠的屋顶平台构成，屋顶上的平均土壤厚度为 1.8 米，能够确保森林的后期生长。在本次开发中，70% 的用地面积均以绿色植物覆盖。

针对大面积绿色植被的管理，设计师设置了一系列小丘，不仅能够抵御暴雨，还能使原本平坦的地面变得富有动态，能用作各种活动的场地。小丘的形态和朝向顺应了当地的风向以及一期与二期建筑之间的人流走向。树木品种的选择建立在对肯特岗公园进行物种鉴定和研究的基础上，旨在保证植物的存活率。不同尺寸和成长阶段的树木以较为随意的形式排布，形成了真正的森林形态。森林的低处混合种植了当地的矮木和少量较高的灌木，形成枝繁叶茂的景观。大量种植花木、果树及灌木，将森林打造成蝴蝶、蜻蜓、鸟类和其他野生动物的栖息地，改善生物多样性。

植物列表

灌木＋地被植物：

沿阶草
水鬼蕉
驳骨草
长叶新泽仙
光亮瘤蕨
假蒟
鹅掌柴
光耀藤
三裂叶蟛蜞菊
剑叶草
绿宝石喜林芋
蔓性野牡丹
地毯草
荷花肖竹芋
蜘蛛兰
白鹤芋
麦冬

喜阳植物：

琴叶珊瑚
长叶新泽仙
蔓性野牡丹
驳骨草
红花文殊兰
交剪草
沟叶结缕草
沿阶草
海芋
荷花肖竹芋

幼龄树＋高大灌木：

海芋
鸟巢蕨
交剪草
翅果竹芋
琴叶珊瑚
黄花第伦桃
雪茄竹芋
长叶新泽仙
新加坡蕊木
水鬼蕉
驳骨草
光耀藤
假蒟
光亮瘤蕨
心叶喜林芋
菲岛五桠果
胡桐
黄兰
红花文殊兰
桃金娘
水石榕
香根草
水鬼蕉
鹅掌柴
沿阶草
三裂叶蟛蜞菊
菲岛福木

喜阴植物：

鸟巢蕨
勃艮第喜林芋
绿宝石喜林芋

在空间打造方面，小丘的形态定义了人流的走向和一些用于活动的小型空间。沿路边分布的户外座椅以及小丘上较为隐蔽的休闲空间，促进了游客之间、人与自然环境之间的互动。用地一角设有一个圆形的绿色露天剧场，作为举办特殊活动或表演的集会场地使用，平时则用作安静的休息空间。设计鼓励工作中的人们走出办公室，让午餐、小组合作、会议组织或讨论等一些上班时的日常活动在自然环境中进行，激发创造力，倡导健康的生活方式。

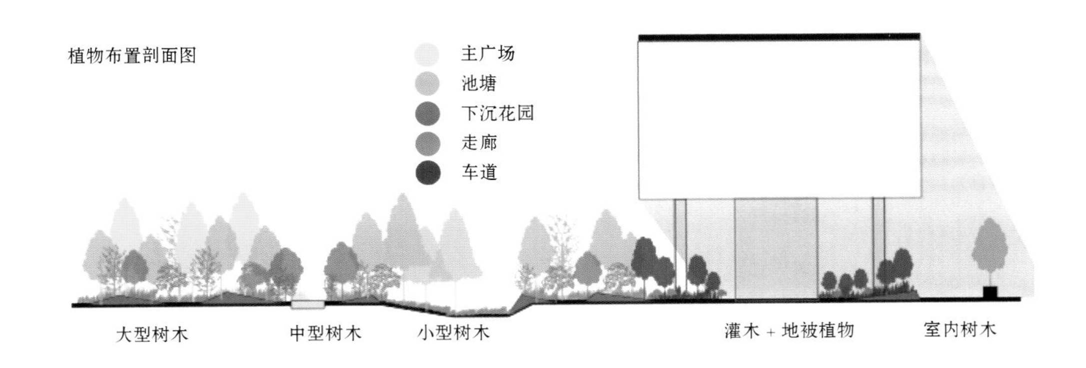


区位图

在雨水管理方面，每个小丘下都设有生态草沟，大大美化了排水形式，同时，草沟中的砂层能够缓慢地过滤水流。过滤后的雨水最终集中到最低点，随后流向蓄水池并用于灌溉。蓄水池可容纳供 7 天使用的灌溉水量，配置雨水监测系统，水池可自动在雨天蓄水，雨水蓄存量足以维持新加坡岛上相对湿润环境下的植物灌溉。

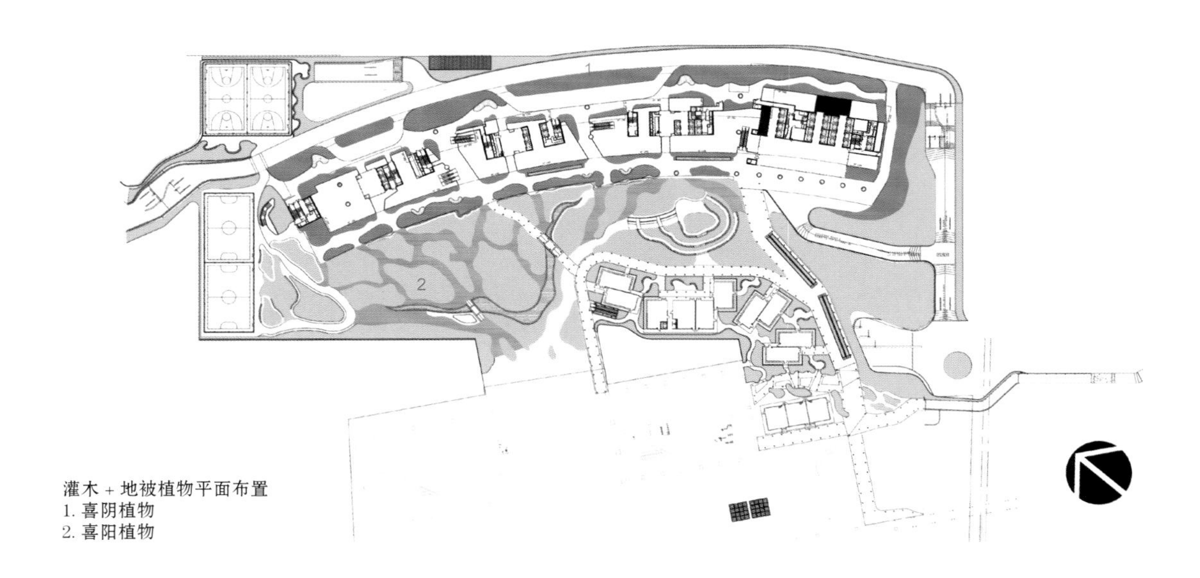

灌木 + 地被植物平面布置
1. 喜阴植物
2. 喜阳植物

植物布置平面图
1. 喜阴植物
2. 喜阳植物

绿化区域并不止于建筑的边缘，植物一直延伸至建筑表面能够接受 45 度角阳光照射的区域。森林中一些常见的典型喜阴植物种植在这种区域，确保了森林的长期生长。

此外，项目还设置了众多娱乐及多功能体育设施，如足球场、篮球场、户外健身站和慢跑道等，这些设施让丰树商业城与肯特岗公园相连。再加上带有滤砂功能的“生态池”（为各种水生植物和鱼类提供了健康的生态环境），丰树商业城二期必将成为一个独特的集生活、办公和娱乐于一体的公共休闲场所。

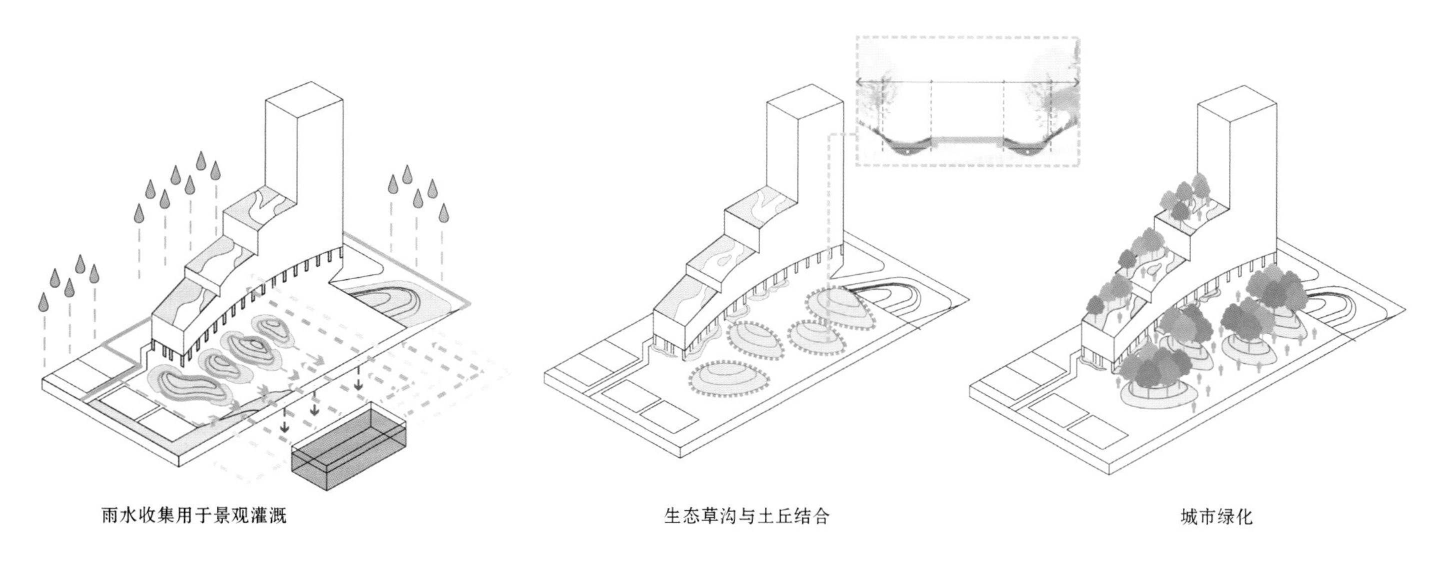

雨水收集用于景观灌溉　　生态草沟与土丘结合　　城市绿化

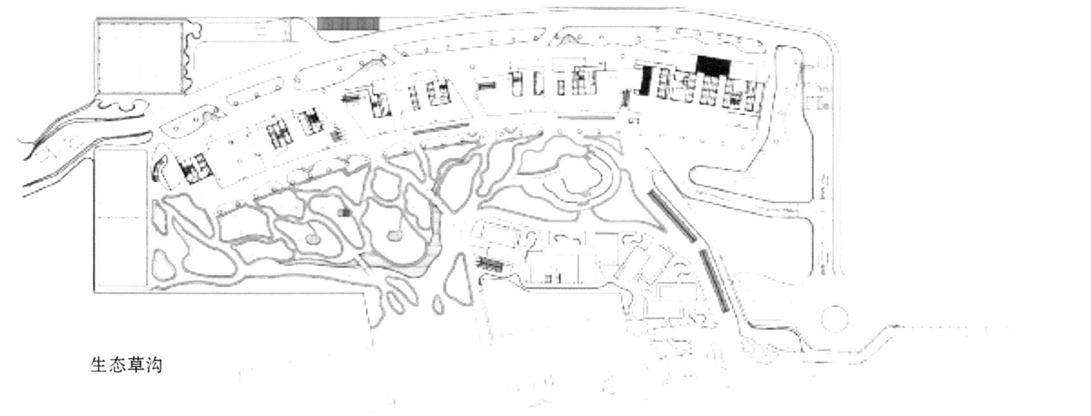

生态草沟

总结来说，本案的景观设计受到了毗邻的自然保护区的启发，打造了一片融合了舒适的办公环境与热带风情的休闲环境的“城市原野”，同时最大程度上改善了该区域的生态环境。

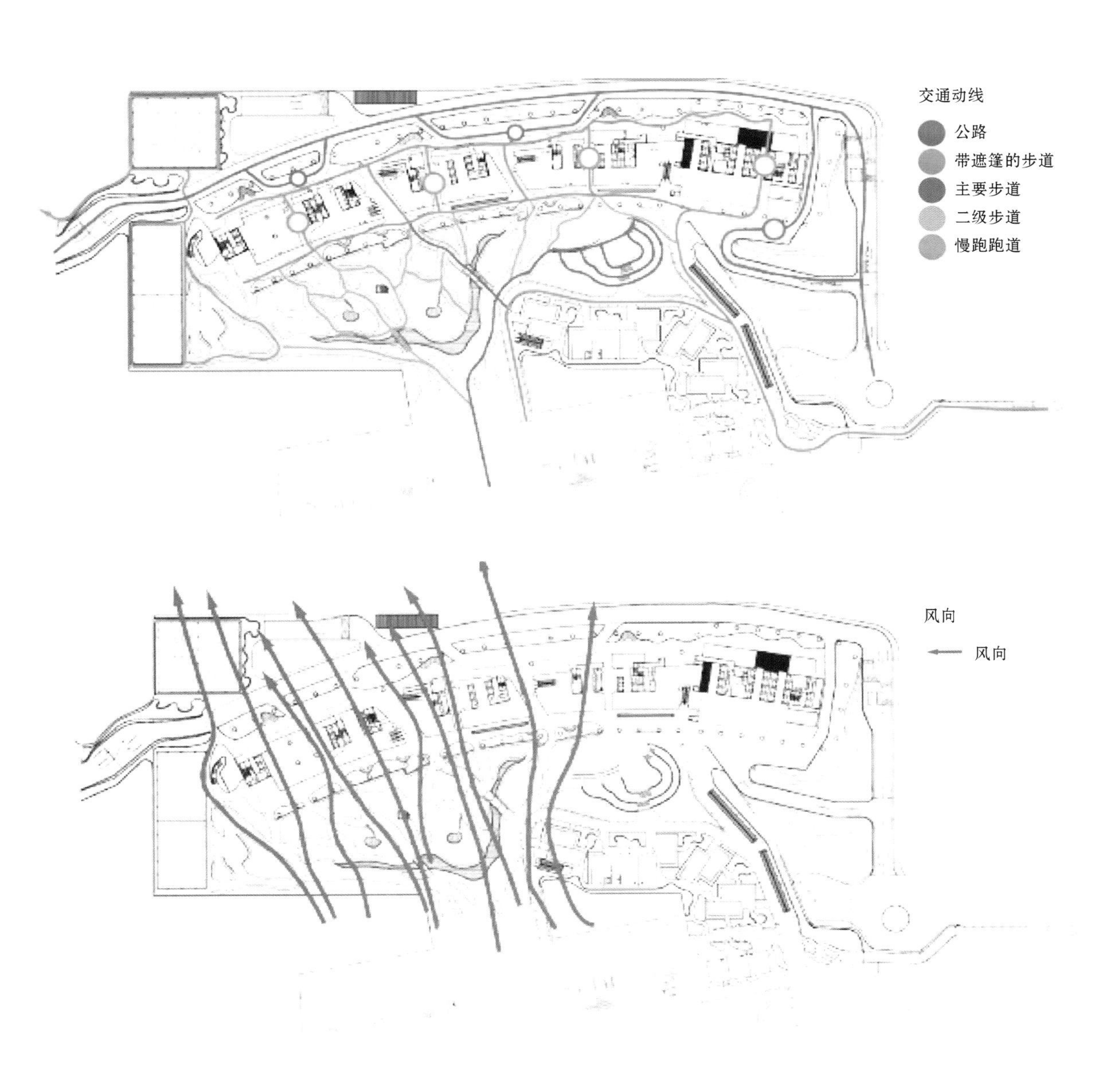

**设计单位：**RBA 设计事务所（Robert Bray Associates）

英国，伦敦

# 布丽姬·乔伊斯广场雨水公园

*设计采用了贴合自然生态的设计方法来实现雨水的管理，植物配置综合体现了“可持续排水设计”的要求、空间的功能需求、外观的美学需求以及现实中景观养护的水平。*

伦敦布丽姬·乔伊斯广场雨水公园（Bridget Joyce Square Rainpark）之前严重破败，已经不能满足社区的需求，重新设计后，现在已经成为社区公园的典范，为居民提供了公共活动的场地。可持续的雨水管理策略能够有效防治污染和积水。

该社区面临的一个问题是：通往学校的道路车流密集，非常危险又带来尾气污染。同时，社区也迫切需要公共活动空间。另一方面，伦敦默尔史密斯－富勒姆区（Hammersmith and Fulham）希望创建一个“可持续排水”（SuDS）设计标杆。在这样的背景下，这个项目需要一个完整的、一体式的设计方法，来满足上述所有要求。

由于“可持续排水设计”带来的防洪减灾和改善水质的效果往往会让几英里之外的地方受益，因此，在这个项目中，设计师在考虑如何让设计所在的本地社区也能获益。在设计过程中，设计团队始终不忘本地社区的各种需求，同时采用贴合自然生态的设计方法来实现雨水的管理。

植物配置综合体现了“可持续排水设计”的要求、空间的功能需求、外观的美学需求以及现实中景观养护的水平。

“可持续排水设计”在植物方面的要求是：促进土壤渗透和蒸发蒸腾；地面全年有绿色植物覆盖，防止土壤风蚀和侵蚀；减少灌溉需求；抵御偶尔的积水和夏季干旱，避免使用除草剂；促进污染物的自然处理。

不同的绿化区域具有不同的功能和预期的用途。主要种植区是一块洼地，这里有一面“蜿蜒墙”贯穿整个区域，吸引游客过来玩耍和探索。设计团队设计了一个“植物矩阵”，

植物列表

**“雨水花园”：**
日本银莲花
紫菀“小卡洛”
大星芹
白桦“雪皇后”
红瑞木“隆冬之火”
藏红花
小穗发草
老鹳草“帕特丽夏”
老鹳草“罗赞尼”
恩氏老鹳草
巨根老鹳草
西伯利亚鸢尾“凯撒兄弟”
中华芒草“火烈鸟”
狼尾草“仙女尾巴”
金光菊
番荔枝
小蔓长春花

**洼地植物：**
柔毛羽衣草
白桦“雪皇后”
藏红花
小穗发草
恩氏老鹳草
千屈菜
中华芒草“火烈鸟”
中华芒草“星光”
狼尾草“卡莉玫瑰”
狼尾草“哈默尔恩”
俄罗斯糙苏
块根糙苏
小蔓长春花

**一般植物（非“可持续排水设计”区域）：**
柔毛羽衣草
巨根老鹳草
狼尾草“哈默尔恩”
块根糙苏
桂樱“奥托卢肯”
番荔枝
小蔓长春花

包括再生性的禾本植物和地被植物，以及观赏性的白桦树林，林下绿油油的植物极具质感，吸引儿童来到林间穿梭行走。糙苏全年都有绒球状的花朵，点缀在绿草之上。斗篷草的叶片不易被水沾湿，上面水珠凝聚，呼应了贯穿整个公园的“水”的主题。

学校主入口的每一边都设计了“雨水花园”。设计的重点不仅仅是观赏，更是将色彩、野生动物和快乐带给每天进出校园的学生、家长和老师。这里的植物需要更高水平的养护，这样设计是因为学校表示了希望照顾某些区域。因此，这个区域有开花的草本植物、观赏植物、多干白桦等。

针对“可持续排水设计”的每个特色区域，设计师根据或潮湿或干燥的环境，灵活改变植被类型，以反映不同的环境条件。其他地方，主要采用常规花池，里面种植常绿灌木、观赏植物和草本植物，与主要种植区域相匹配。

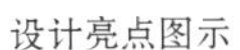
设计亮点图示
这些图片可以让我们大概看出这座公园是什么样子的，也能看出设计师意图打造的这座“可持续排水公园”的设计理念。

公园环境美观，对儿童来说充满趣味性，贴近大自然的生态环境能够吸引野生动物，也是附近居民休闲、聚会、散步的好去处，同时，在减少积水和控制污染方面起到重要作用。

1. 雨水花园
2. 透水铺装
3. 桦树以及其他茂盛的植物
4. 从屋顶收集雨水的方式充满趣味性
5. “蜿蜒墙”
6. 入口标识
7. 探险游乐区的草沟
8. 昆虫栖居板
9. 绿色屋顶

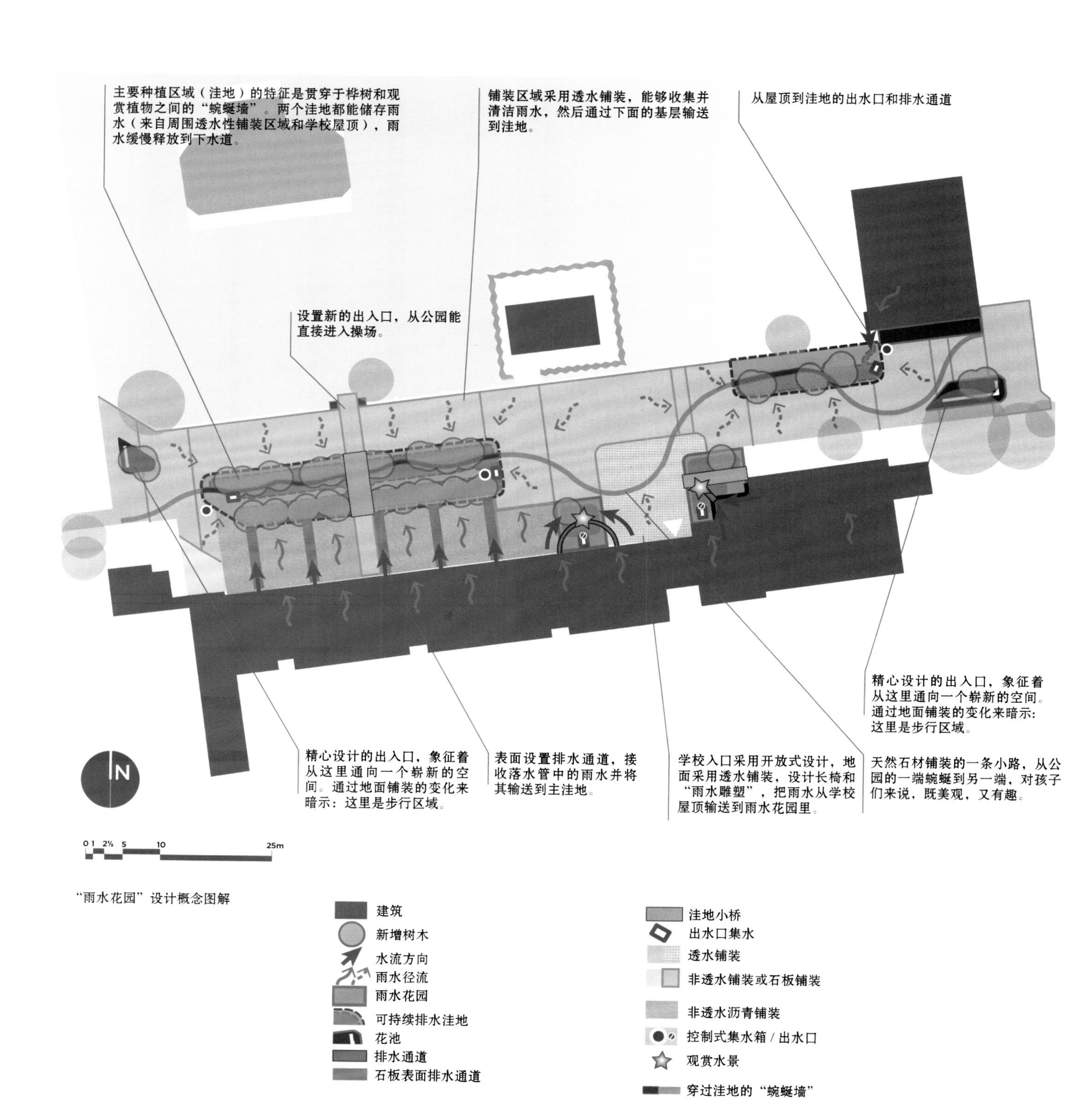

主要种植区域（洼地）的特征是贯穿于桦树和观赏植物之间的“蜿蜒墙”。两个洼地都能储存雨水（来自周围透水性铺装区域和学校屋顶），雨水缓慢释放到下水道。
铺装区域采用透水铺装，能够收集并清洁雨水，然后通过下面的基层输送到洼地。
从屋顶到洼地的出水口和排水通道
设置新的出入口，从公园能直接进入操场。
精心设计的出入口，象征着从这里通向一个崭新的空间。通过地面铺装的变化来暗示：这里是步行区域。
精心设计的出入口，象征着从这里通向一个崭新的空间。通过地面铺装的变化来暗示：这里是步行区域。
表面设置排水通道，接收落水管中的雨水并将其输送到主洼地。
学校入口采用开放式设计，地面采用透水铺装，设计长椅和“雨水雕塑”，把雨水从学校屋顶输送到雨水花园里。
天然石材铺装的一条小路，从公园的一端蜿蜒到另一端，对孩子们来说，既美观，又有趣。
N
0 1 2½ 5 10 25m
建筑
新增树木
水流方向
雨水径流
雨水花园
可持续排水洼地
花池
排水通道
石板表面排水通道
洼地小桥
出水口集水
透水铺装
非透水铺装或石板铺装
非透水沥青铺装
控制式集水箱 / 出水口
观赏水景
穿过洼地的“蜿蜒墙”

“雨水花园”设计概念图解

“软景观”区域由哈默史密斯社区花园协会（Hammersmith Community.Association）负责维护，该协会离公园不到200米，是一个环境慈善机构，得到了来自学校和企业的志愿者的支持。费用由市政府支付，数额不高于他们自己的维护承包商承担这项工作的费用。根本的区别在于当地社区成员真正关心这座公园，这样的养护体制能够促进更强的社区主人翁意识。

澳大利亚路学校入口手绘图

澳大利亚路初期设计理念手绘图

LOW MAINTENANC

低维护设计

# 深入了解，再谈选择——破译低维护植栽设计的神话

文：坎农·艾弗斯

如今，低维护植栽设计似乎已经成为现代景观设计中的主角，简直被视为万灵药——数小时的辛苦劳作、灌溉的大量耗水、使用杀虫剂的苦恼……似乎这些问题全都可以通过园艺专业人士巧妙的低维护设计来解决。想到低维护设计，我们脑中就会浮现出美轮美奂的园林景象，觉得好像没有人为的干扰，也不必多此一举地这里修修那里剪剪，就让植物自然生长，景色反而更好。但是，“低维护”这个概念就其自身定义来说是有问题的。因为，维护及其带来的园艺效果是随着园艺的发展潮流和客户的文化喜好而逐渐演变的一种人为手段。某个花园可能在一个人眼中是经过精心维护的，但在另一个人看来可能觉得凌乱芜杂。比如说，现在流行的这种自然主义的粗放型植栽设计，如果放在勒诺特尔（André Le Nôtre）的时代定会遭到嘲笑，因为那时人们追求的是线条清晰、井然有序、一目了然的结构主义景观。即便是在针对勒诺特尔法式园林的形式主义而兴起的英国自然风景式造园运动（English Garden Movement）中，“能人布朗”（Capability Brown）和威廉·肯特（William

Kent）设计的绵延山景也仍像勒诺特尔的园林小径一样看起来那么不自然。这两种设计风格都需要对园林的养护倾注大量劳动和心血，无论如何都说不上是“低维护”。

从那时起，植栽设计以及我们对园林与自然的理解又经过了格特鲁德·杰基尔（Gertrude Jekyll）、威廉·罗宾逊（William Robinson）、薇塔·萨克维尔－维斯特（Vita Sackville-West）和贝丝·查托（Beth Chatto）的时代，逐渐形成了一种新型的植栽设计——精致、有序、精心养护，同时又敏感地追求与自然协作，而不是试图去控制大自然。现代园艺的代表人物，如皮特·奥多夫（Piet Oudolf）、汤姆·斯图尔特－史密斯（Tom Stuart-Smith）、丹·皮尔森（Dan Pearson）以及两位新晋设计师萨拉·布莱斯（Sarah Price）和亚当·伍德拉夫（Adam Woodruff），都通过与大自然的协作形成了他们自己的风格。其中，皮尔森对自然秩序的追求可能超过他所有的同代人。今年（2015年）他在伦敦切尔西花卉展（Chelsea Flower Show）上的设计获得了“最佳展览”奖（Best in Show）。这个作品看上去简直像是从查特斯沃思庄园（Chatsworth）里切割了一块土地直接运过来，后者位于英格兰中部德比郡，是一片拥有200年历史的私人香槟酒庄。皮尔森的园艺设计回避了周围其他设计的所有特征，在当代最重要的园艺盛会上推行了一种新的自然主义植栽设计范式。然而，要营造这一点点自然的景象，其中需要付出的巨大努力以及所需的精湛技艺，在很多人眼里却是看不到的。切尔西花卉展上的一位游客这样说道：“加几个啤酒瓶、几包香烟，这就是任何一条高速公路的路边风景。”（斯蒂芬·莱西 [Stephen Lacy]，《每日电讯报》（Daily Telegraph），2015年5月20日）既要让公众理解并接受，又要从大自然当中汲取灵感来营造丰富多样的植栽布置，要在这两者之间找到微妙的平衡点，这就是与植物打交道的景观设计师所面临的挑战，尤其是有时候我们还清楚地知道光鲜设计的背后是捉襟见肘的维护预算。

皮特·奥多夫与菲尔德景观事务所（Field Operations）合作设计的纽约高线公园（High Line）就实现了上述的平衡，既兼顾了公众的景观体验，又让环境看上去比较贴近大自然。关于这个项目已有大量评论，应该说分析得已经很详尽了，但是其中的景观和植栽设计仍有太多可说。奥多夫设计的草坪以及植物结构的配置是他给我们所有人最大的礼物，因为他提醒了我们，棕色也是一种颜色，形态与质感中蕴藏的美不亚于颜色的美。草坪能让任何植栽布置变得更柔和，营造出浪漫的氛围，带来大自然的气息。在养护方面，草坪显然是低维护的，使用期限长。比如说，雪花莲和番红花的球茎会在二月萌发出新生命，只需在新草长出前修剪一次即可。如果让草皮毗邻多年生植物，金色的种穗会在绿意盎然的背景下展现别样的凋谢之美。汤姆 · 斯图尔特 – 史密斯是英国当代景观设计的领军人物，虽然他的事务所不在英国。在他的植栽设计范例展示中，25% 的植物选择了草皮。丰富的品种、大小、色调和应用范围使其成为低维护植栽设计的中坚力量。说这话的时候，我们不要忘了贝丝 · 查托的箴言——“对的植物，对的地点”。她在英格兰东南部埃塞克斯郡

伦敦伯吉斯公园圣乔治草甸（St Georges）；图片版权：坎农 · 艾弗斯。

设计的砾石园林常被引为低维护植栽设计的典范。除了降雨之外，这片园林无须额外灌溉，建好后，植物完全在自然条件下生长荣枯。它可以说是耐旱型低维护植栽设计的一片试验田，同时又极具观赏性。它充分证明，低维护植栽设计无须以美观为代价来实现。

贝丝 · 查托的箴言“对的植物，对的地点”说明在她看来，低维护植栽设计不是从植物的选择开始的，而是始于对植物的了解，了解其生长所需的自然环境是什么样的，在怎样的地理和气候条件下能自然生长繁殖。把地中海植物种在林地小路

边，不但看上去不和谐，而且这种绝对的错误之举也注定要失败。再举一例：将需水植物种在供水不足、自流排水的土壤中而不加以灌溉和养护。此外，不同的文化会赋予某些植物特定内涵。最近我就听说过这样一个项目：在一个有着深厚的园艺文化底蕴的项目中，设计师选择了玉簪花。玉簪花在这位设计师的文化背景中是很寻常的植物，但用在那个项目中却让设计师受到恶评，甚至连园艺技术水平都遭到质疑。相反，如果你在英国的大型景观项目中能成功使用大量玉簪花，那会是很成功的设计——由于大量繁殖的鼻涕虫和蜗牛会严重伤害玉簪花，所以玉簪在英国景观设计界一直是个令人头疼的问题。对文化环境背景的充分认识就等于去理解植物的最佳生长条件。

对于那些为公共环境进行植栽布置的设计师来说，设计始于了解委托客户和环境的使用者对设计的预期，同时要从一开始就对维护预算有所把握。你的植栽设计会得到怎样的反响？随着季节变换，植物会发生什么变化？能吸引人周复一周、月复一月地到来吗？委托客户是否有人力和意愿去维护植物？而你作为景观设计师是否能写出一份全面、详尽的管理与维护计划，让负责照管这些植物的团队去参考？这些问题都是建立植栽设计理念框架的关键。理念框架一旦建立，最重要的任务就是场地准备和环境分析。阳光、水和风是决定任何植栽设计成功与否的关键因素。不同品种的植物对光照持续时间和土壤水分含量的偏好不同，土壤中的水分在多风环境中会很快蒸发。土壤是任何植栽设计的基础。要想做好低维护植栽设计，首先要了解土壤。根据我的经验，如果土壤没有纳入到你的设计考虑范围中，植物不是根据土壤条件进行选择的，那么你的设计很可能注定失败。不幸的是，在大型项目中，土壤质量及其化学组成成分的重要性往往被忽视。在很多人眼中，那不过是泥土罢了。

LDA 设计公司常与英国谢菲尔德大学（University of Sheffield）的两位教授詹姆斯·希契莫夫（James Hitchmough）和奈杰尔·邓尼特（Nigel Dunnett）合作。这两位都是草甸设计的知名专家。希契莫夫和邓尼特通过大量的研究，借鉴了野外自然景观，设计出他们专有的“谢菲尔德草甸”。这种草甸能将普普通通的大片空地改造成令人叹为观止的花的海洋，花期能持续到秋季。草甸建好之后，能够真正实现低维护的目标，取代传统的草坪，后者每隔几周就要修剪一次，造成较高的碳排放量。就在我写这篇文章的时候，抬眼望向窗外，我就看到工作人员正在修剪哈佛大学的草坪，为娜塔莉·波特曼（Natalie Portman）给 2015 年毕业班所做的毕业典礼演讲做准备。我不禁想象如果将“谢菲尔德草甸”搬到这里会是什么样的景象。草坪两周修剪一次，所需的人力、物力自不必说，如果换成草甸，每年只需修剪一次，那将节约多少资源？另外，草甸花卉繁茂，花蜜充足，能够吸引大量传粉昆虫，而草坪呢？修剪得整整齐齐，但除了看起来绿意盎然，偶尔能小坐一下之外，还有什么用呢？

“谢菲尔德草甸”的设计要用到混合草种，其中各种成分含量的配比就像炼金术士的操作一样精确，然后播种到不含杂草草种的土壤基质中。基质通常采用沙，因为种子发芽时，根系能快速穿过沙粒中的缝隙，在下方的土壤中找到养分，确保上方植株的生长。草种发芽后，小苗会遮住地面，阳光就不能直射到沙地上随风吹来的杂草草种上，从而避免了杂草在沙地基质中发芽。这就是“谢菲尔德草甸”的设计原理，无数完美的设计已经证明，这种原理在实践中的运用非常成功，只要场地的准备工作正确无误，提前告知施工方操作流程，后者在操作中也足够小心，就能确保达到预期效果。

LDA设计公司规划并现场施工的伦敦伯吉斯公园（Burgess Park）占地51公顷，其中，希契莫夫设计的草甸是公园整体园艺设计策略的基础。公园和公路之间设置了6米高的连绵山峦，既是公园的屏障，也能供游人闲坐，俯瞰公园全景。希契莫夫为这座公园专门配制了混合草种，根据山峦的朝向进行布局：喜阴、耐湿的品种放在北坡，能适应干旱土壤和大量光照的品种放在西坡。土壤运来并现场铺设后，我们发现这显然不是我们要求的那种不含杂草草种的土壤基质。这样一来，公园内

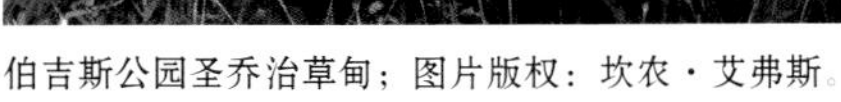
伯吉斯公园圣乔治草甸；图片版权：坎农·艾弗斯。

本来相对来说“低维护”设计的大片景观，变成了“高维护”，因为施工方需要比大自然提前一步，即避免土壤中出现的杂草在草甸草种生根之前自动下种。这可不是一件轻松的工作，因为草甸播种的面积很大，而且要区分杂草和草甸草种也不容易。要不是凭借着希契莫夫对植物的专业知识，刚刚萌芽的草种就能分辨出品种，这简直是不可能完成的任务。最终，在 LDA 与希契莫夫的合作指导下，施工方终

伦敦巴特西发电厂临时公园；图片版权：坎农・艾弗斯。

于让草甸取得了满意的效果，植被茂盛，繁花似锦，吸引了大量昆虫，生机勃勃。草甸受到公园游客的强烈欢迎，花卉的明艳色彩与旁边土褐色的混凝土建筑物恰成对照。这个项目告诉我们，土壤很重要，专家的专业知识是无价之宝。

跟土壤一样，水也是植物养护的必要元素。如今，水源紧缺已经影响到美国一些州的整体面貌，比如加利福尼亚州和内华达州等，因此，水源的合理使用已经迫在眉睫。节水设计也是实现低维护植栽设计的一种有效手段。有些国家在默认情况下是不安装灌溉系统的，所以灌溉就成为植物养护中最费时间的一项工作。如果需要手动灌溉，那就意味着工作人员要在植被中拖拽水管，要在花池中走来走去，无形中将土壤夯实了。因此，利用洼地或者“雨水花园”收集雨水就成为一种明智之举，同时又能兼顾园艺的美观性，可谓一举两得。在巴特西发电厂临时公园（Battersea Power Station Pop-up Park）的设计中，我带领 LDA 设计团队打造了 80 米长的带状“雨水花园”，用于截留来自旁边硬质地面上的雨水。这座“雨水花园”成为整个公园植栽设计的核心，直到后来摇滚歌星埃尔顿·约翰（Elton John）要在这里开演唱会，花园才拆掉，后来这个临时公园也都拆除了，建成了永久性公园。这片土地有时湿度会很低，暴雨时植物下端会泡在水里，这都是选择植物时所考虑的因素。“雨水花园”里多样化的植栽带给公园一年四季丰富的风景变化，从最早的鳞茎类植物，到紫苑和君子兰。

总之，“维护”是一个很微妙的概念，因为我们最终呈现出来的效果是看在观者眼中的。有些人看来觉得修剪整洁，在另一些人看来则可能显得杂乱无章。另外，现代植栽设计的趋势正在转向自然主义的粗放型景观，有时候甚至会让整洁的草坪长成天然草甸的样子，在维护上草甸的碳排放量自然比草坪要少，同时也为野生动物营造了更好的栖息地。选择草甸不仅仅是出于观赏性的考虑，还涉及很多因素，比如维护、时间、生态保护意识、蜜蜂数量下降等。伯吉斯公园的里的草坪植被种类丰富，其植物维护团队正在测验不同的修剪方式，然后根据游客的反馈做出调整。如果是公共空间的植栽设计，需要考虑公众的景观体验，了解周围居民对景观环境的预期。植栽设计应该随季节而变化，这样才充满活力，就像舞台表演一样，随着季节变换，你方唱罢我登场。如果空间设计中用到植物，那么你的设计不是从植物的选择开始，而是从观察自然开始——风、光线的变化和土壤含水量等，还要研究土壤和播种介质的构成。观察这些自然条件，了解植物的原产地及其文化内涵，根据这些来选择植物，低维护的植栽设计自然手到擒来。

**设计单位：**乌立克斯景观设计（URBICUS）

**主创设计师：**让 - 马克·戈利耶（Jean-Marc Gaulier）

法国，吕埃尔 – 马尔迈松

# 多模式交通枢纽公共空间设计——吕埃尔公交车站

*设计旨在打造花园式车站，大量种植的植物使得交通枢纽摆脱了公交车站千篇一律的乏味模样。车站顶棚上面种满了低维护的植物。高大的乔木（苏格兰松和鹅掌楸）为整个环境提供了树荫。*

吕埃尔 – 马尔迈松（Rueil–Malmaison）是法国法兰西岛大区上塞纳省的一个镇，位于巴黎郊区。本案的吕埃尔公交车站（Rueil Station），是面向大巴黎区西部的重要交通枢纽，多年来却一直苦于没有清晰的布局。等车的乘客常常需要费力地在众多站点中寻找自己要乘坐的车，各个站点之间又有大量的自行车停放，整个交通枢纽显得非常混乱。车站希望通过公共空间的景观改造，成为一个同时提供多模式交通的、有利于乘客出行的交通枢纽。

莱昂工作室（Les Ateliers Lion ）和 EL 景观设计事务所（Etienne L é nack）共同完成了车站改造的整体规划方案及该项目内全部的建筑设计。乌立克斯景观设计（URBICUS）在该项目中承担外部公共空间和植栽布置的设计。

改造中，车站新建了一个拥有 200 个停车位的地下停车场，改建了公交站（有 18 个站点），建设了新的候车大厅、自行车停放区（可以停放 450 辆自行车），还重新规划了地下购物中心。

新的交通枢纽将为公众提供更多安全、舒适和便捷的服务。现在这里停靠的车辆区域划分清晰，条理分明。材料使用的都是最为简单常见的：车站用混凝土浇筑，步行道路面使用大块的天然大理石石板，车站的顶棚采用白色金属材料。

除了功能上的完善之外，设计师力求打造花园式车站，车站范围内布置了一些商铺和咖啡店，让车站融入城市的活力当中。设计思路是在密集的商业区种植大量的植物。新的车站顶棚上面也种满了植物。高大的乔木（苏格兰松和鹅掌楸）为整个环境提供了树荫。在这样一个建筑密集的空间里甚至还布置了一个小广场。

植物列表

千叶蓍
虾夷葱
海石竹
高加索桦
考文垂风铃草
无脉苔草
柔弱苔草
蒙大纳苔草
红缬草
铃兰
番红花
曲芒发草
高山瞿麦
黄花卫矛
香车叶草
巨根老鹳草
神须草
大花猫薄荷
富贵草
大花夏枯草
野蔷薇
迷迭香
药用鼠尾草
香薄荷
玉米石
反曲景天“绿云杉”
紫景天“马特罗纳”
千佛手
深紫假景天
假景天“福尔达燃烧”
东疆红景天
观音莲
白玉草
鼠尾草
小蔓长春花

浅色的车站外立面、树木、绿化屋顶都有助于缓解“城市热岛效应”。大量种植的植物使得交通枢纽摆脱了公交车站千篇一律的乏味模样。改造后的车站从一个普通的多模式交通枢纽，变成了城市生活中的一个生动鲜活的片段。

剖面图 BB

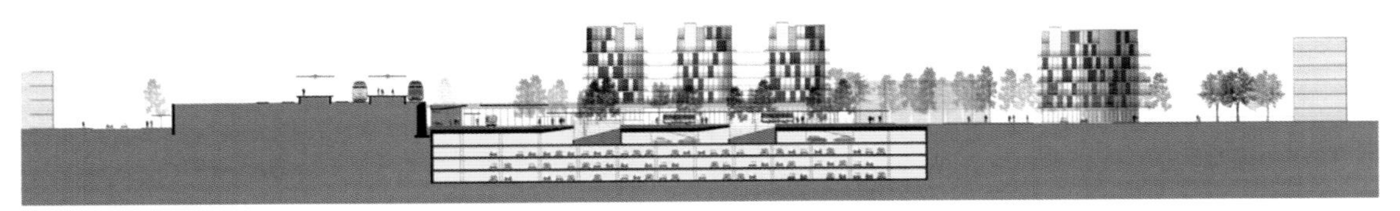

剖面图 CC

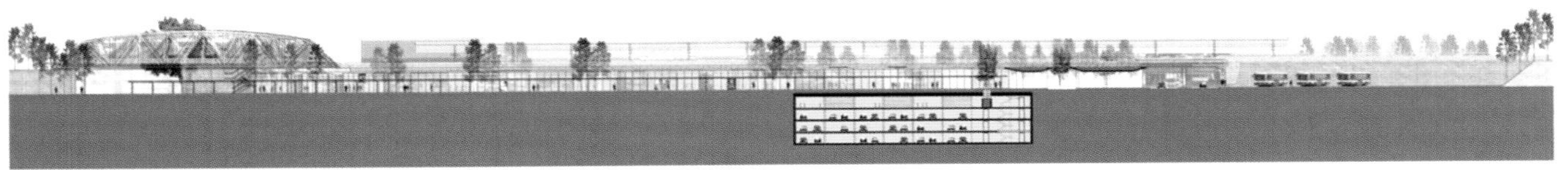

剖面图 AA

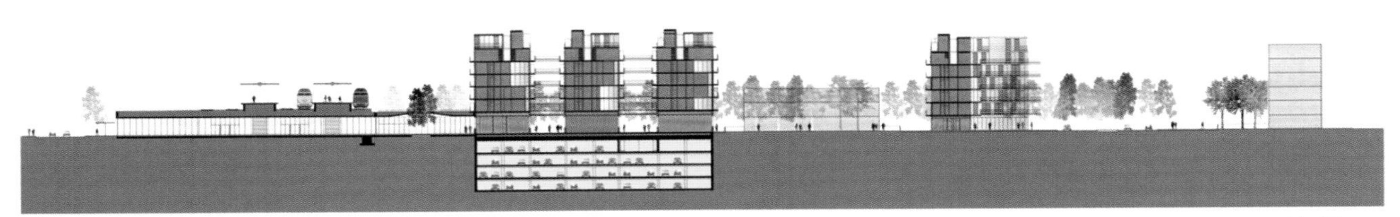

剖面图 DD

eil – Malmaison

**设计单位：**乌立克斯景观设计（URBICUS）　　**主创设计师：**让－马克·戈利耶（Jean-Marc Gaulier）　　**项目经理：**诺埃尔·马德罗纳（Noëlle Madror

**法国，图卢兹**

# 小林公园景观升级改造

*设计的挑战是如何使其成为城市绿廊系统的一部分，使其作为一种景观规划框架，将邻近的几个区连接起来。设计的任务是复原山坡环境，以修复并强化森林景观的特色。*

小林公园（Petit Bois Park，“珀蒂·布瓦公园”）位于法国西南部大都市图卢兹，是贝尔方丹区（Bellefontaine）的区域性标志景观，占地 5.5 公顷，大片的公共绿化空间延伸到米海伊区（Mirail）和雷尼瑞区（Reynerie）。贝尔方丹区近年来一直在进行环境升级改造。从前被高大的建筑物包围的林地，现在成为面向周围区域开放的休闲空间。

公园的规模即使是对图卢兹市来说也是重要的城市公共空间。设计的挑战是如何使其成为城市绿廊系统的一部分，使其作为一种景观规划框架，将邻近的几个区连接起来。设计任务主要是将加隆山（Garonne）山坡的环境复原，以修复并强化森林景观的特色，妥善处理山坡上的地形地貌、历史遗留建筑物、自然景观和水利设施（温泉和盆地）。

设计打造了一系列观景台，让游客可以俯瞰公园和加隆山谷——图卢兹市就是从这片山谷中逐渐发展起来。用地上有各式温泉，罗马时代就修建了渡槽引导水流，设计通过一系列“水园”的营造将这一特色突出。“水园”沿南北方向的散步大道布置，站在木板平台上便可一览无余。散步大道将一个商业广场（广场上有地铁站）与一个多层次公共广场相连接，大道上的特色景观包括游乐空间、城市体育馆以及各种各样的休闲区（观景台、开放式空间、旱喷泉等），鼓励居民参与休闲娱乐活动。

植物图例

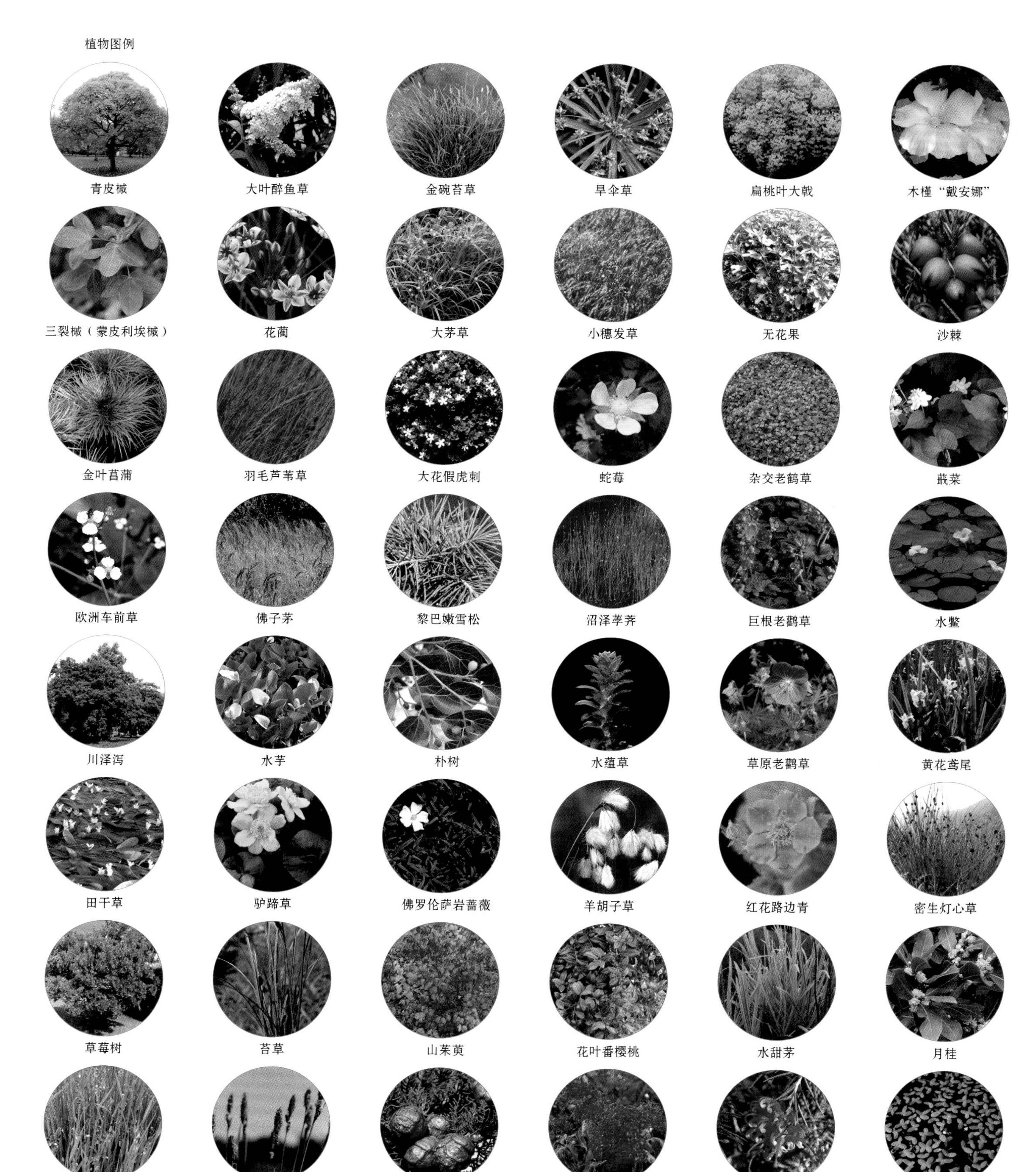

青皮槭　大叶醉鱼草　金碗苔草　旱伞草　扁桃叶大戟　木槿“戴安娜”

三裂槭（蒙皮利埃槭）　花蔺　大茅草　小穗发草　无花果　沙棘

金叶菖蒲　羽毛芦苇草　大花假虎刺　蛇莓　杂交老鹳草　蕺菜

欧洲车前草　佛子茅　黎巴嫩雪松　沼泽荸荠　巨根老鹳草　水鳖

川泽泻　水芋　朴树　水蕴草　草原老鹳草　黄花鸢尾

田干草　驴蹄草　佛罗伦萨岩蔷薇　羊胡子草　红花路边青　密生灯心草

草莓树　苔草　山茱萸　花叶番樱桃　水甜茅　月桂

凌风草　狼牙棒苔草　意大利柏木　臭檀吴茱萸　银桦粉红珍珠　浮萍

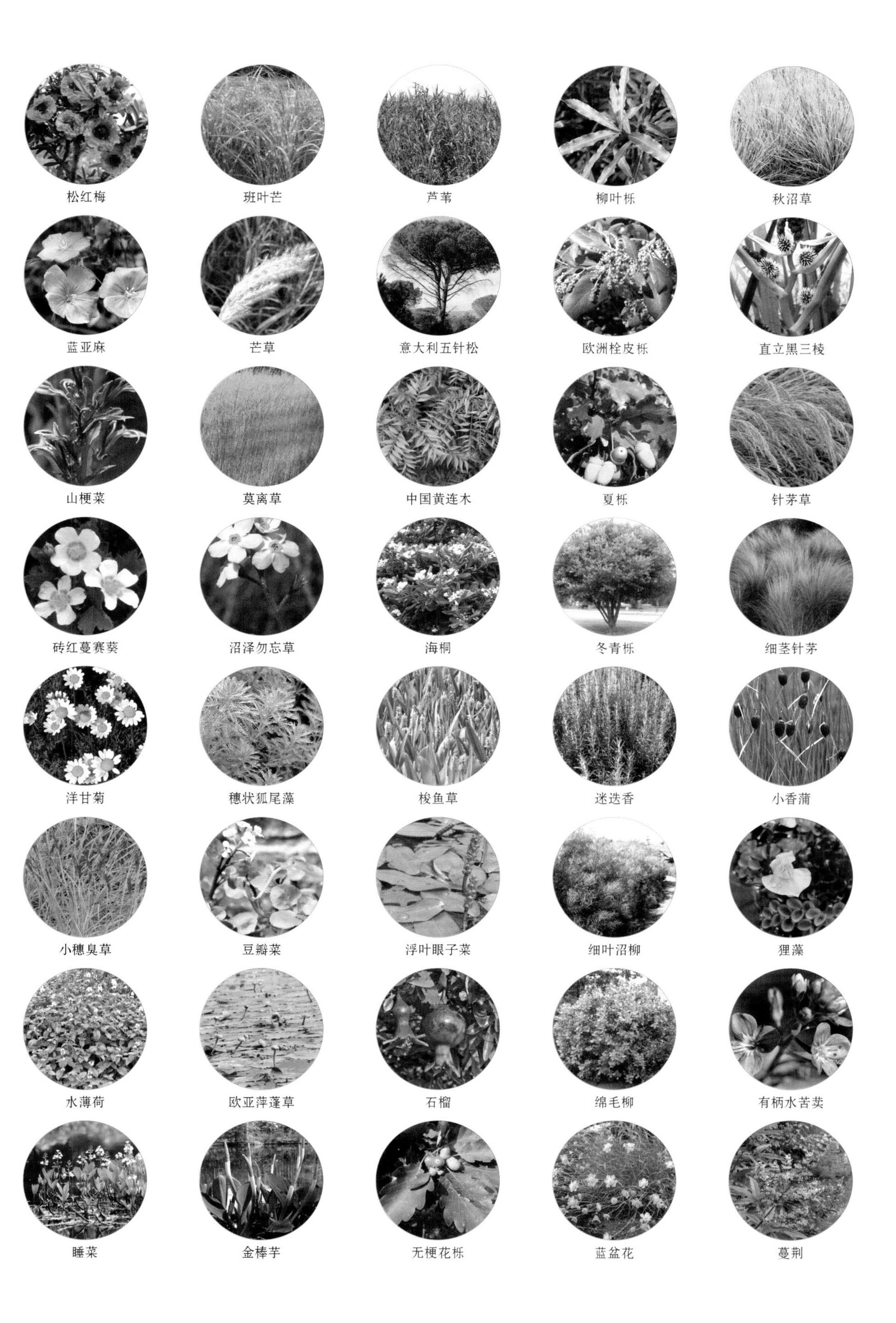
松红梅
班叶芒
芦苇
柳叶栎
秋沼草
蓝亚麻
芒草
意大利五针松
欧洲栓皮栎
直立黑三棱
山梗菜
莫离草
中国黄连木
夏栎
针茅草
砖红蔓赛葵
沼泽勿忘草
海桐
冬青栎
细茎针茅
洋甘菊
穗状狐尾藻
梭鱼草
迷迭香
小香蒲
小穗臭草
豆瓣菜
浮叶眼子菜
细叶沼柳
狸藻
水薄荷
欧亚萍蓬草
石榴
绵毛柳
有柄水苦荬
睡菜
金棒芋
无梗花栎
蓝盆花
蔓荆

3D 手绘图

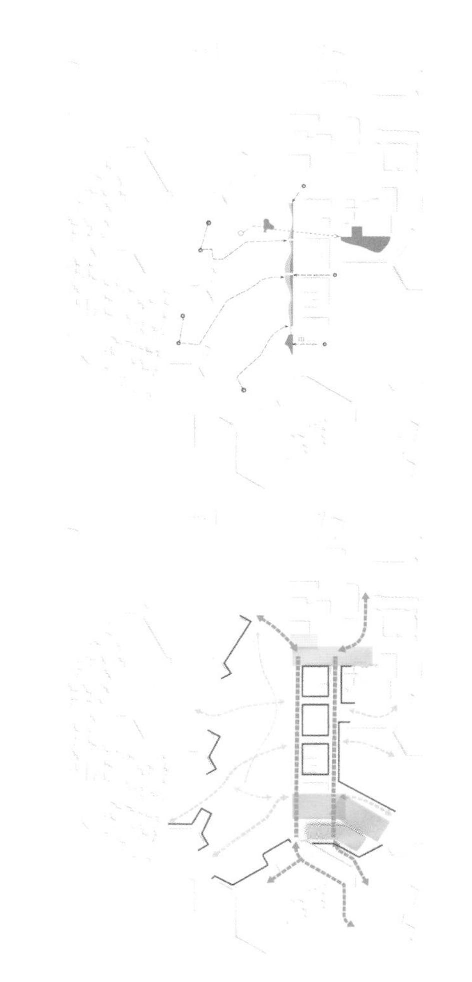

路线图

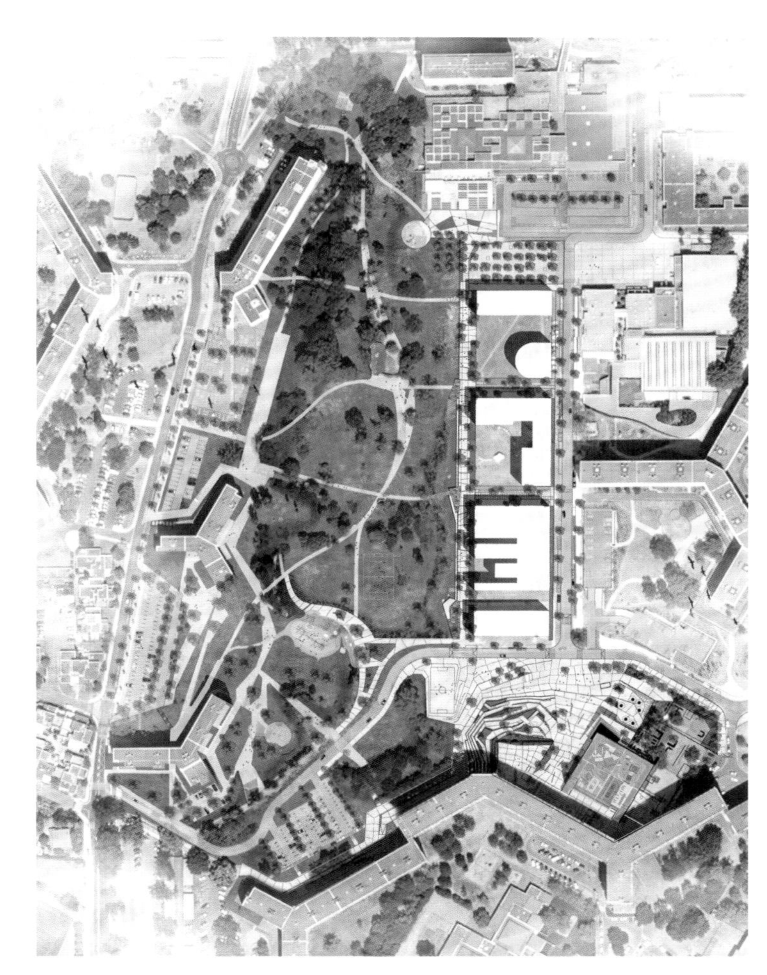

区位图

**景观设计：**绿色工作室（Studio Green）

**主持景观设计师：**约翰·莫顿（John Merten）

**摄影：**伯纳德·安德烈（Bernard Andre）、斯科特·杜波斯（Scott Dubose） **面积：**0.8 公顷

美国，加利福尼亚州，阿瑟顿

# 阿瑟顿林间别墅

*景观环境与别墅建筑相辅相成，高大的树木和茂盛的植物，营造出优美的户外风景。选取的植物配合了北欧建筑风格，同时也易于花园维护。*

阿瑟顿林间别墅（Atherton Woodlands）户外景观由绿色工作室（Studio Green）设计完成。这是一栋新建的别墅，用地面积约 0.8 公顷，风格是北欧建筑风格，周围有高大的树木和茂盛的植物，营造出优美的户外风景。别墅由一系列房屋组成，若干庭院和户外空间巧妙穿插其中，带来比大多数新住宅精致的室内外空间更有活力的环境体验。

设计既关注细节的打磨，也注重各个景观空间整体的视觉效果，景观环境与别墅建筑相辅相成。每个庭院都使用相同的材料，主要是钢、石材和混凝土，营造统一的风格。各个空间的使用功能都很灵活，能满足招待大量宾客的需求，或举办各种活动，包括大型活动和小型的家庭聚会。虽然主要用到的材料大致相同，但每个庭院仍有自身的特色，功能和环境体验也不尽相同。

入口庭院是一幅三维立体风景画，非对称布局，一边是笔挺的枫树，另一边是钢质带状喷泉。铺装采用三种类型的石灰岩地砖，显示出丰富的质感与活力。两面石墙界定出空间的框架，起到划分空间的作用，也进一步丰富了入口的进门体验。

下沉花园是侧面庭院的延伸，环境让人眼前一亮。阶梯状花池分三层，花园中央是火坑。下沉花园功能实用，质感丰富，色彩对比强烈，极大地丰富了建筑环境形象。阳光和空气通过这个花园进入地下健身房和娱乐室，这里也是宾客溜出去喘口气的好去处。

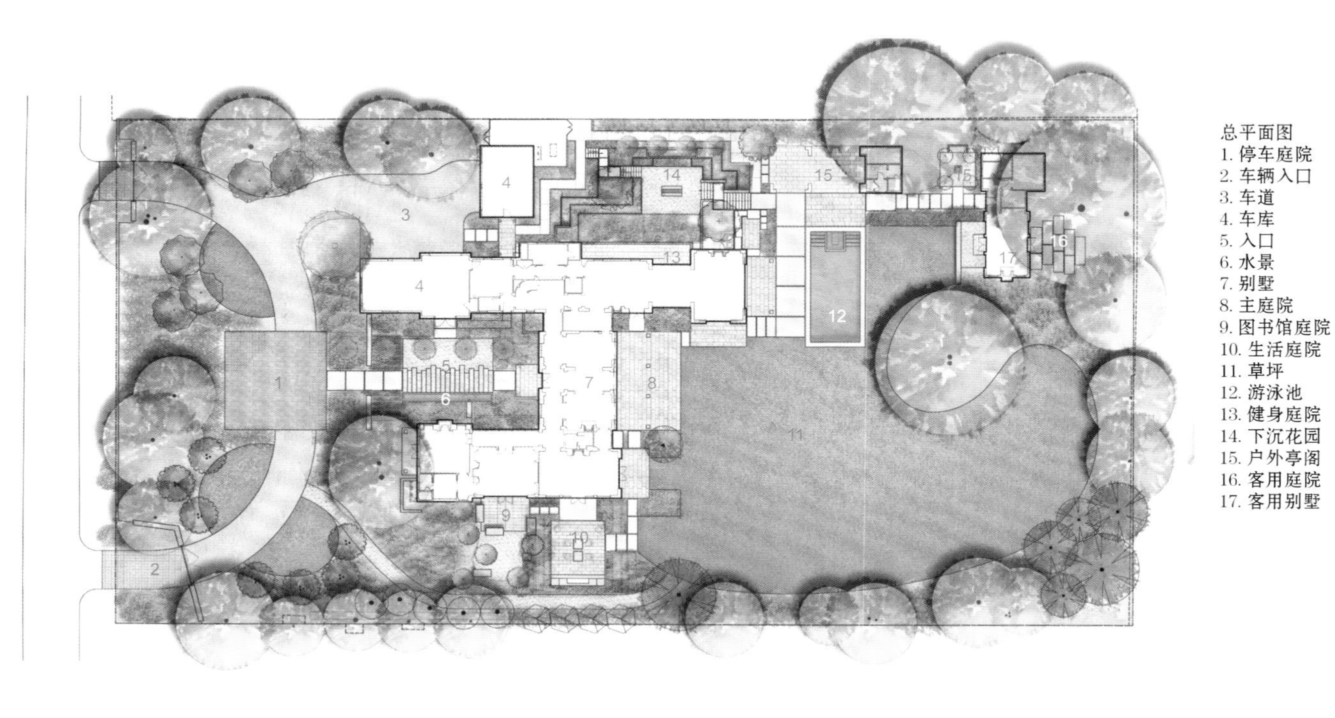

总平面图
1. 停车庭院
2. 车辆入口
3. 车道
4. 车库
5. 入口
6. 水景
7. 别墅
8. 主庭院
9. 图书馆庭院
10. 生活庭院
11. 草坪
12. 游泳池
13. 健身庭院
14. 下沉花园
15. 户外亭阁
16. 客用庭院
17. 客用别墅

植物图例

乔木 / 格挡灌木

血皮槭　日本槭　糖槭　黑桦　白色杂交山茱萸　银杏　冬青　月桂

木兰“伊丽莎白”　木兰“塞缪尔 · 萨默”　罗汉松　加罗林桂樱　山樱花　葡萄牙桂樱　冬青栎　洋槐“紫玫瑰”

灌木 / 藤蔓植物

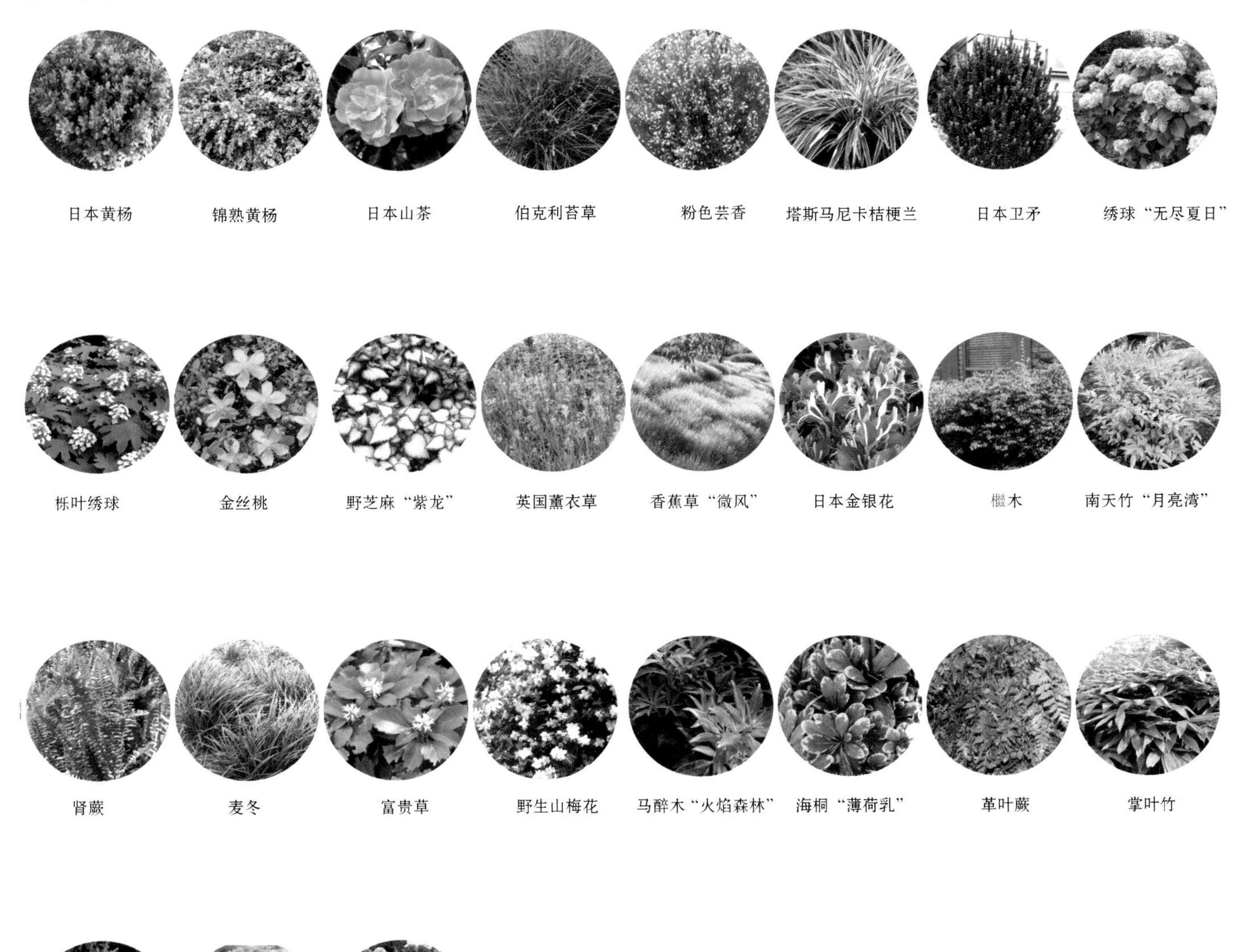

日本黄杨　锦熟黄杨　日本山茶　伯克利苔草　粉色芸香　塔斯马尼卡桔梗兰　日本卫矛　绣球“无尽夏日”

栎叶绣球　金丝桃　野芝麻“紫龙”　英国薰衣草　香蕉草“微风”　日本金银花　檵木　南天竹“月亮湾”

肾蕨　麦冬　富贵草　野生山梅花　马醉木“火焰森林”　海桐“薄荷乳”　革叶蕨　掌叶竹

野扇花　石蚕　日本多花紫藤

庭院手绘图

概念图

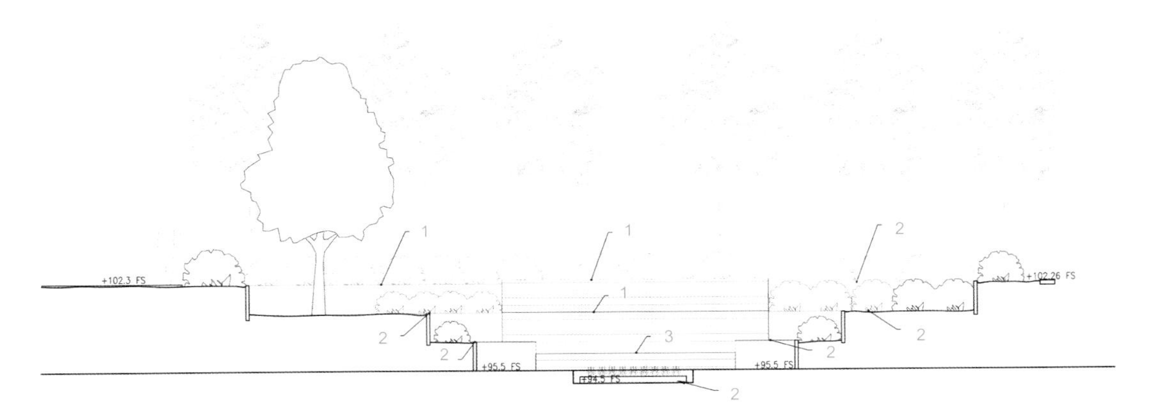


花园剖面图
1. 混凝土挡土墙
2. 耐候钢挡土墙
3. 木质长椅
4. 灰泥
5. 空调设备

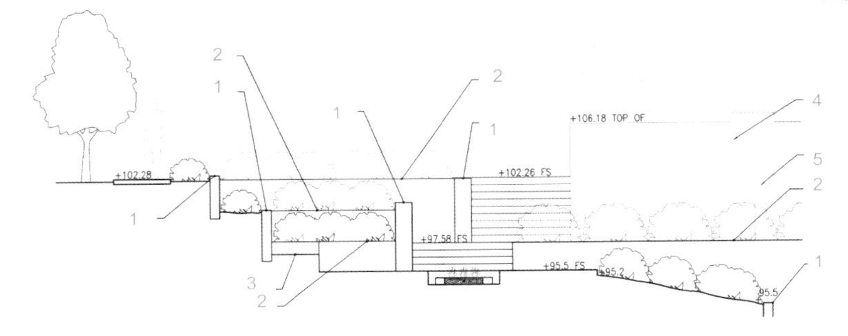

**景观设计：**阿金特景观事务所（Argent）　　**用地规划：**莫里森建筑事务所（Allies and Morrison）、波菲里奥斯联合事务所（Porphyrios Associates）

英国，伦敦，国王十字区

# 国王十字区改造工程景观绿化

*本案设计包括以绿地为主的“手边花园”和多功能建筑的冬季屋顶花园，植物配置选取了易于维护的植物布置方案，采用软景观和硬景观相结合的绿化策略。*

2011 年，阿金特景观事务所（Argent）接手了伦敦国王十字区（King’s Cross）复兴项目的景观绿化工作。这个项目是英国最重要的城市开发区升级改造项目之一。

该项目占地面积 29 公顷，位于国王十字区世界知名的维多利亚火车站的西北侧，从前是一片货场和仓库。升级改造中将创造出约 74.3 万平方米的多功能公共空间。

根据用地规划许可，此次改造中可以新建约 50 栋建筑、20 条街道、10 处公共空间、2000 户住房，还包括对 20 栋历史建筑物进行修复改造。初期的基础设施建设始于 2007 年 6 月，其他工程开发于 2008 年 11 月开始正式展开。2011 年 9 月，伦敦艺术大学（University of the Arts London）正式迁入“谷仓综合体”（Granary Complex，即谷仓广场），同时，部分工程竣工并对外开放。

该工程的建筑设计由英国一些知名建筑公司操刀，包括大卫·奇普菲尔德建筑事务所（David Chipperfield Architects）、约翰－麦阿斯兰建筑事务所（John McAslan and Partners）、斯坦顿·威廉斯建筑事务所（Stanton Williams）、格罗尔克建筑事务所（Carmody Groarke）、埃里克·帕里建筑事务所（Eric Parry Architects）、AHMM 建筑事务所（Alfred Hall Monaghan Morris）、艾尔建筑事务所（Wilkinson Eyre）等。用地规划由莫里森建筑事务所（Allies and Morrison）和波菲里奥斯联合事务所（Porphyrios Associates）完成，景观规划由汤森德景观事务所（Townshend Landscape Architects）完成。

2011 年，阿金特景观事务所接手该项目中第一块公共绿地的景观咨询设计工作，包括软景观和硬景观。这片绿地名为“手边花园”（Handyside Gardens）。自此，阿金特逐

**乔木：**

大花唐棣“芭蕾舞女”

河桦

山楂树

**树篱：**

锦熟黄杨

欧洲鹅耳枥

山茱萸

倒挂金钟

**攀爬植物：**

软枣猕猴桃“巨无霸”

软枣猕猴桃“维基”

葡萄

**灌木：**

黄栌“皇家紫”

杂交金缕梅

异花木蓝

野牡丹

盐肤木

红皮柳

野扇花 “龙门”

**多年生植物：**

蓝星花

银莲花

可食当归

耧斗菜“黄星”

厚叶铁角蕨

白木紫菀

侧叶紫菀“王子”

涡轮紫菀

大星芹“罗马”

澳洲野靛草“紫烟”

岩白菜“序曲”

岩白菜“巴托克”

岩白菜“布雷辛哈姆红宝石”

蓝雪花

小盼草

天使钓竿花

鳞毛蕨

淫羊藿

加勒比飞蓬

无苞刺芹

欧洲刺芹

野草莓

老鹳草

洋常春藤

杂交 嚏根草“白点”

宿根缎花

地杨梅

高臭草

伯罗兰

蓝沼草“透明”

牛至草

柳枝稷

滨藜叶分药花“小尖顶”

抱茎蓼“火尾”

日本地榆

虎耳草“伦敦的骄傲”

紫红景天

牛奶欧芹

绵毛水苏

大花合欢

大穗杯花

斑鸠菊

白花弗吉尼亚腹水草

加拿大堇菜

**鳞茎类植物：**

波斯葱

克美莲

水仙“皮皮特”

水仙“珍妮”

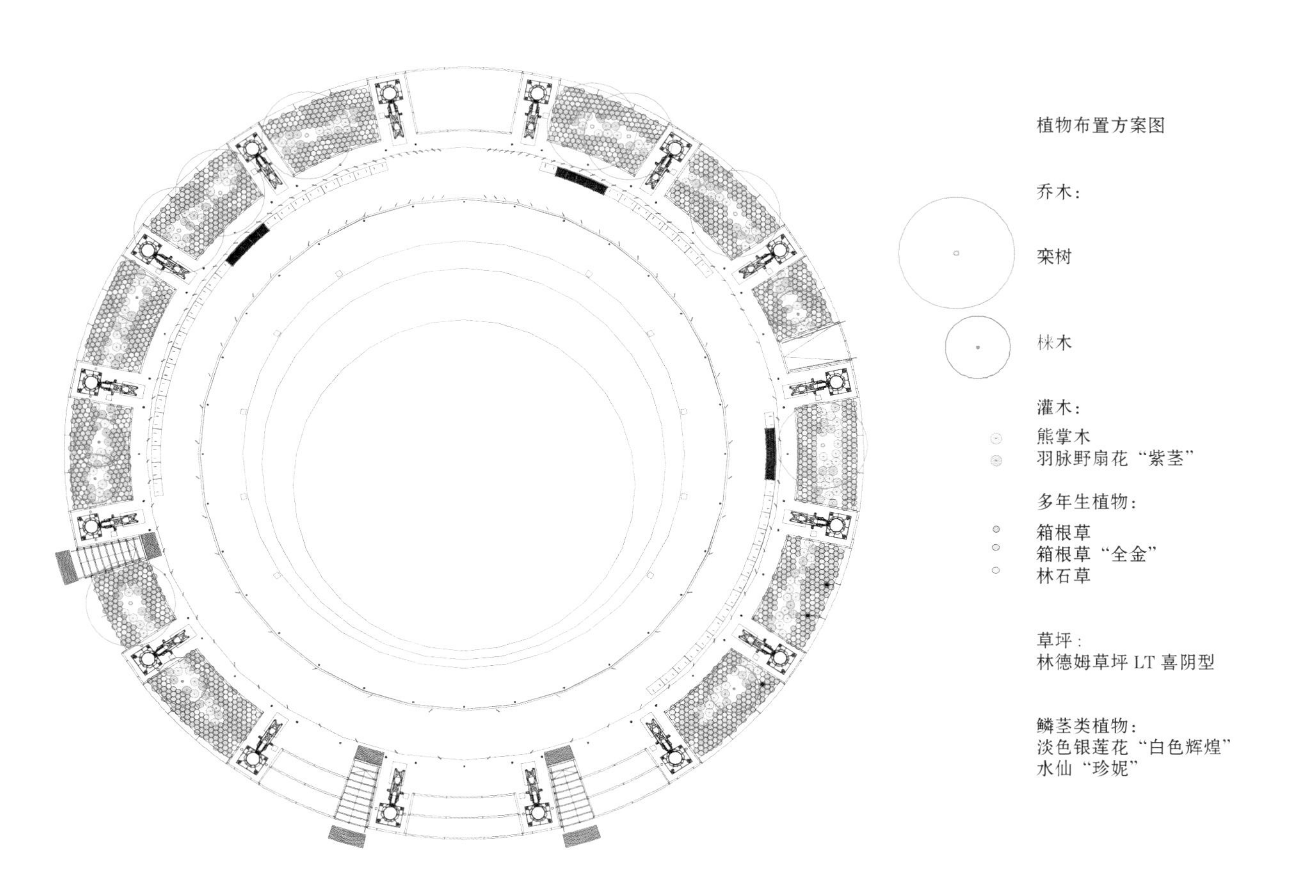
植物布置方案图
乔木：
栾树
株木
灌木：
熊掌木
羽脉野扇花“紫茎”
多年生植物：
箱根草
箱根草“全金”
林石草
草坪：
林德姆草坪 LT 喜阴型
鳞茎类植物：
淡色银莲花“白色辉煌”
水仙“珍妮”

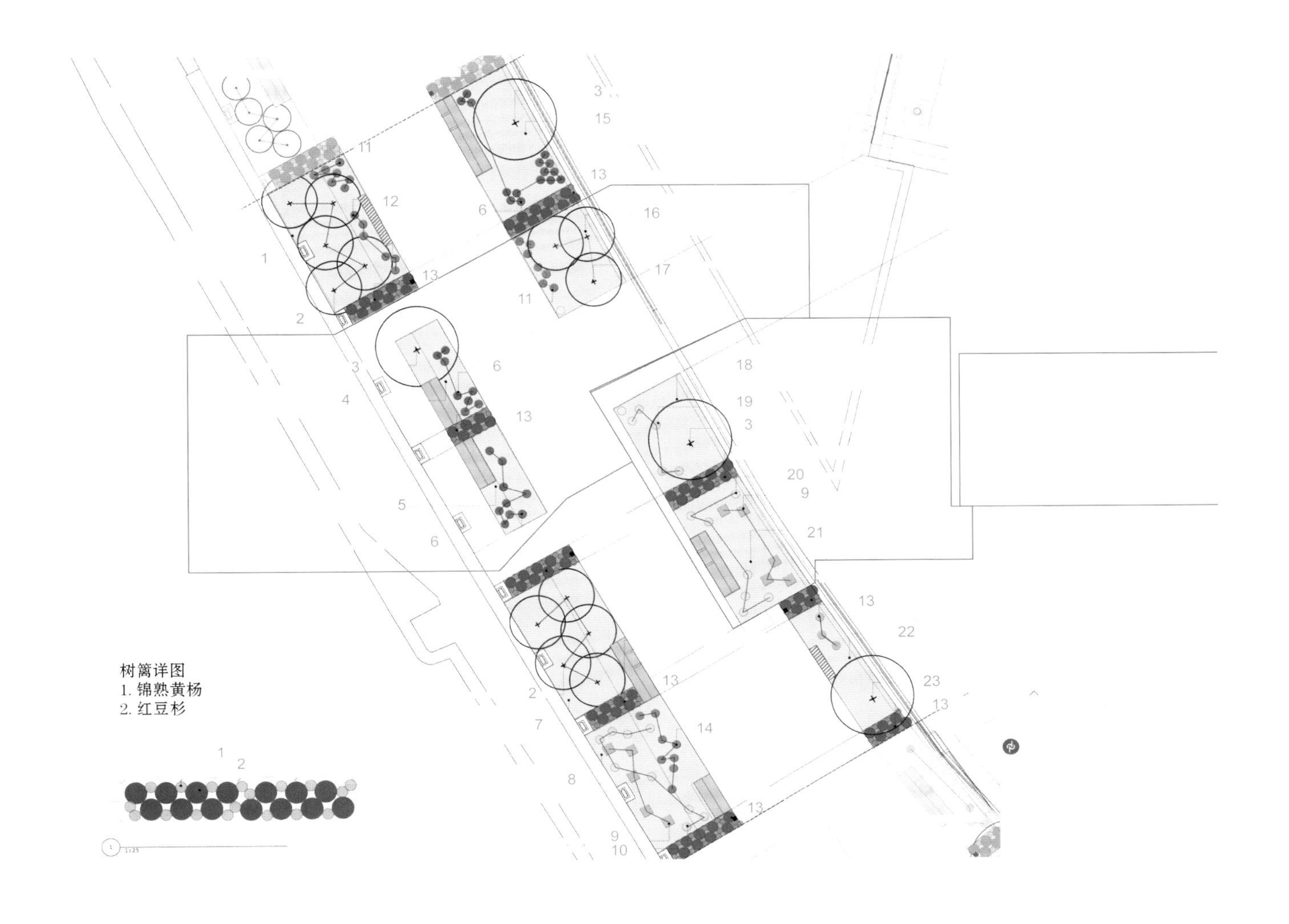


植物布置平面图

1. 云南麦冬 96 株
   白木紫菀 24 株
   箭舌豌豆 16 株
   紫色堇 24 株
   长寿水仙 72 株
   圆叶唐蒲 254 株
2. 红瑞木“西伯利亚”5 株
3. 扁刺峨眉蔷薇 1 株
4. 抱茎蓼“布莱克菲尔德”11 株
   希腊苦薄荷 8 株
   欧洲刺芹 16 株
   山矢车菊 6 株
   加勒比飞蓬 14 株
5. 抱茎蓼“布莱克菲尔德”11 株
   希腊苦薄荷 8 株
   欧洲刺芹 24 株
   山矢车菊 6 株
   加勒比飞蓬 19 株
6. 草原铁兰 8 株
7. 云南麦冬 90 株
   白木紫菀 31 株
   箭舌豌豆 21 株
   紫色堇 27 株
   长寿水仙 68 株
   圆叶唐蒲 20 株
8. 云南麦冬 92 株
   白木紫菀 23 株
   箭舌豌豆 15 株
   紫色堇 27 株
   西西里蜜蒜 84 株
   重瓣白克美莲 84 株
9. 宁夏甘草 5 株
10. 晨光芒 9 株
11. 红萱 7 株
12. 红萱 6 株
13. 树篱（见上方详图）
14. 红萱 8 株
15. 抱茎蓼“布莱克菲尔德”20 株
   希腊苦薄荷 24 株
   晨光芒 7 株
   草原铁兰 16 株
   欧洲刺芹 20 株
   山矢车菊 20 株
   加勒比飞蓬 46 株
16. 云南麦冬 54 株
   白木紫菀 15 株
   箭舌豌豆 10 株
   紫色堇 15 株
   长寿水仙 45 株
   圆叶唐蒲 17 株
17. 红瑞木“西伯利亚”3 株
18. 云南麦冬 52 株
   鼠尾草 10 株
   紫色堇 21 株
   抱茎蓼“布莱克菲尔德”10 株
   西西里蜜蒜 28 株
   长寿水仙 467 株
19. 晨光芒 5 株
20. 晨光芒 7 株
21. 云南麦冬 62 株
   箭舌豌豆 12 株
   鼠尾草 12 株
   紫色堇 25 株
   红花石竹 12 株
   西西里蜜蒜 34 株
   长寿水仙 562 株
22. 荷兰薰衣草“雪绒花”36 株
   小长春花“格特鲁德”17 株
   加勒比飞蓬 18 株
23. 阿富汗无花果树 1 株

渐开展了整个片区的软景观设计和绿化策略的开发，其中包括国王十字区运河走廊（King’s Cross Canal Corridor）、储气站 8 号（Gasholder No. 8）和储气站三联体公寓（Gasholder Triplets）上方的屋顶花园（在此次改造中升级为办公 + 住宅综合体）以及储气站公园（Gasholder Park，即上述综合体周围的绿地）；此外还包括两栋新建多功能建筑的冬季屋顶花

园，一栋是大卫·摩利建筑事务所（David Morley Architects）设计的普利茅斯大厦（Plimsoll Building），另一栋是尼亚尔·麦克洛宁建筑事务所（Niall McLaughlin Architects）设计的挂毯大厦（Tapestry Building）。另外还有高架桥和“溜煤槽院子”购物中心（Coal Drops）景观设计，以及用地范围内其他公共区域的植物布置方案。

**设计单位：**空间枢纽（Spacehub）

英国，伦敦

# 伦敦墙广场

*景观设计从周围的开放空间汲取灵感，创造了一个花园式的休憩地。景观设计也考虑到光影的变换，将草坪布置在阳光最充足的地方，种植的植物根据各个地点不同程度的光和阴影条件来选择。*

空间枢纽（Spacehub）与MAKE建筑事务所（Make Architects）合作，设计了位于伦敦金融城的一个新的商务开发区的重要公共开放式空间——伦敦墙广场（London Wall Place）。景观设计创造了一个花园式的休憩地，彻底整修了这一地区，并将其恢复为一个以人为本、为市民服务的公共环境。

该地区在第二次世界大战期间遭受过炸弹的毁坏，之后，该地被开发成为伦敦新貌的一部分，摒弃了传统形式的街道，架高人行道，成为横跨一座一体式建筑的天桥，机动车在下面通行。这样的形式代表着历史元素的分离和有机城市脉络的消失。

伦敦墙广场致力于通过增强现有的和创造新的可行走路线来支持伦敦开发行人交通动线的运动。广场在芬斯伯里广场（Finsbury Square）和银行区（Bankside）之间提供了更宽阔的路线，其中南北向的通道衔接了巴比肯艺术中心（Barbican Centre）和市政厅大会堂（Guildhall），而东西向通道则将伦敦墙与圣阿尔法花园（St Alphage Gardens）连接起来。沿伦敦墙首次出现了街道标高的铺装路面——一条拓宽的人行道。这条通道与新花园空间互动，沿路拥有极好的望向伦敦墙广场景观的视野。一座极具造型感的钢桥取代了原来的架高人行道，在花园上空蜿蜒而过。

以前隐藏在公众视线之外的圣阿尔法教堂塔遗址和伦敦墙古迹，将成为新花园的重要看点。通过开放街道标高的景观，视觉连通性得到改善，空间更方便市民使用，让游客能更好地理解和欣赏当地历史的层次和规模。

景观设计从周围的开放空间汲取灵感，包括巴比肯艺术中

植物图例

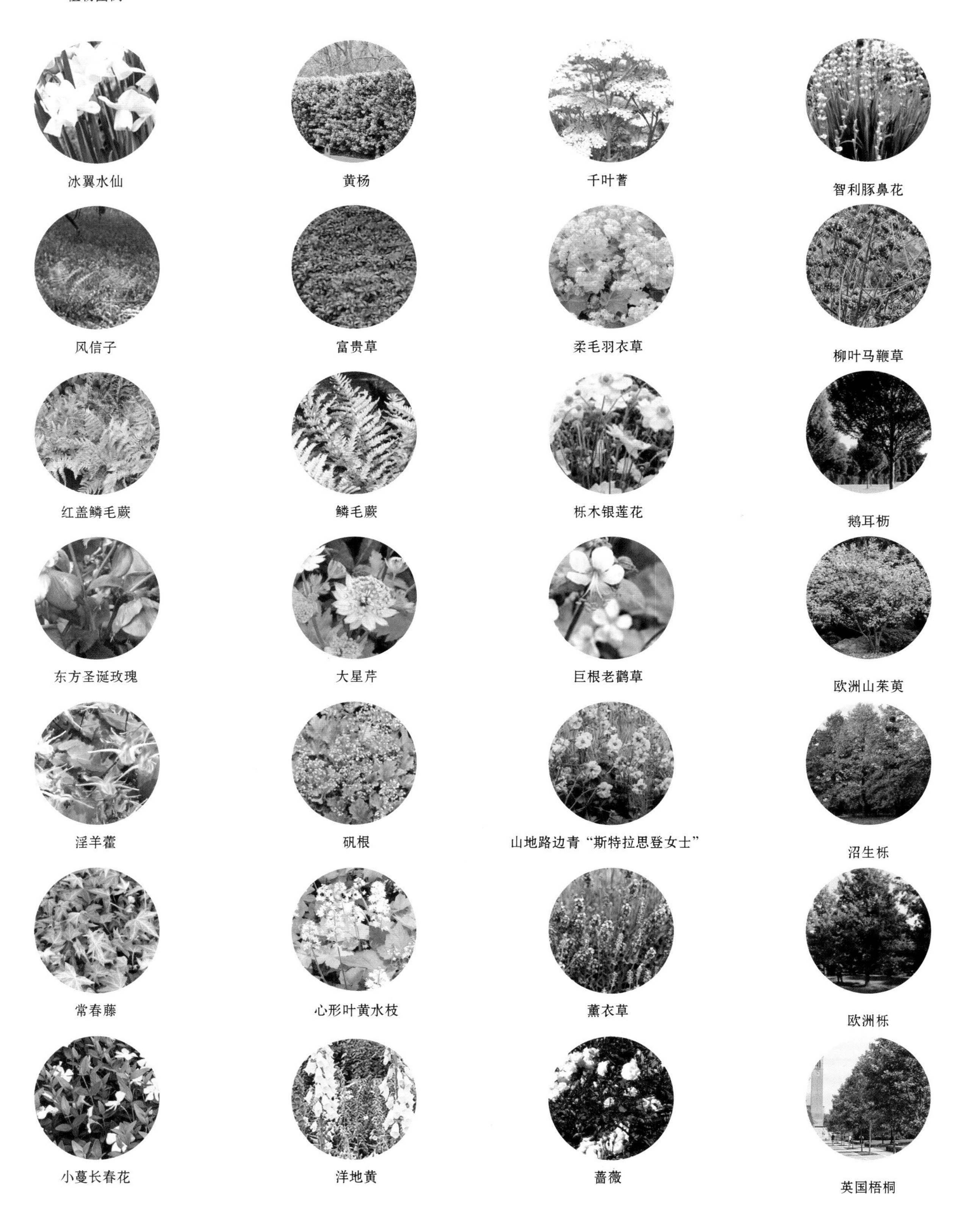

冰翼水仙　黄杨　千叶蓍　智利豚鼻花

风信子　富贵草　柔毛羽衣草　柳叶马鞭草

红盖鳞毛蕨　鳞毛蕨　栎木银莲花　鹅耳枥

东方圣诞玫瑰　大星芹　巨根老鹳草　欧洲山茱萸

淫羊藿　矾根　山地路边青“斯特拉思登女士”　沼生栎

常春藤　心形叶黄水枝　薰衣草　欧洲栎

小蔓长春花　洋地黄　蔷薇　英国梧桐

SALTERS' GARDEN

心、圣阿尔法花园、索尔特玫瑰园（Salters Rose Garden）等，打造了一系列感官丰富的空间。水景反射在上面连桥的拱腹上，欢快地舞动，而瀑布会产生令人平静的声音。桥梁风化钢的外观将因其表面纹理的变化而变得更加丰富。

伦敦墙广场的公共空间给整个城市环境带来了一系列不同的微气候条件。高楼大厦和街道形成了错综复杂的光影效果，覆盖整个用地，一年四季都在变化。景观设计也考虑到了这一点——草坪布置在阳光最充足的地方，种植的植物根据各个地点不同程度的光和阴影条件来选择。

伦敦墙广场为该地新建的办公楼提供了背景环境，同时也是伦敦市内景点的一部分。自然风光出现在街道和屋顶平台上，植物将伴随着市民的社会活动蓬勃生长，成为市中心宝贵的绿色基础设施。

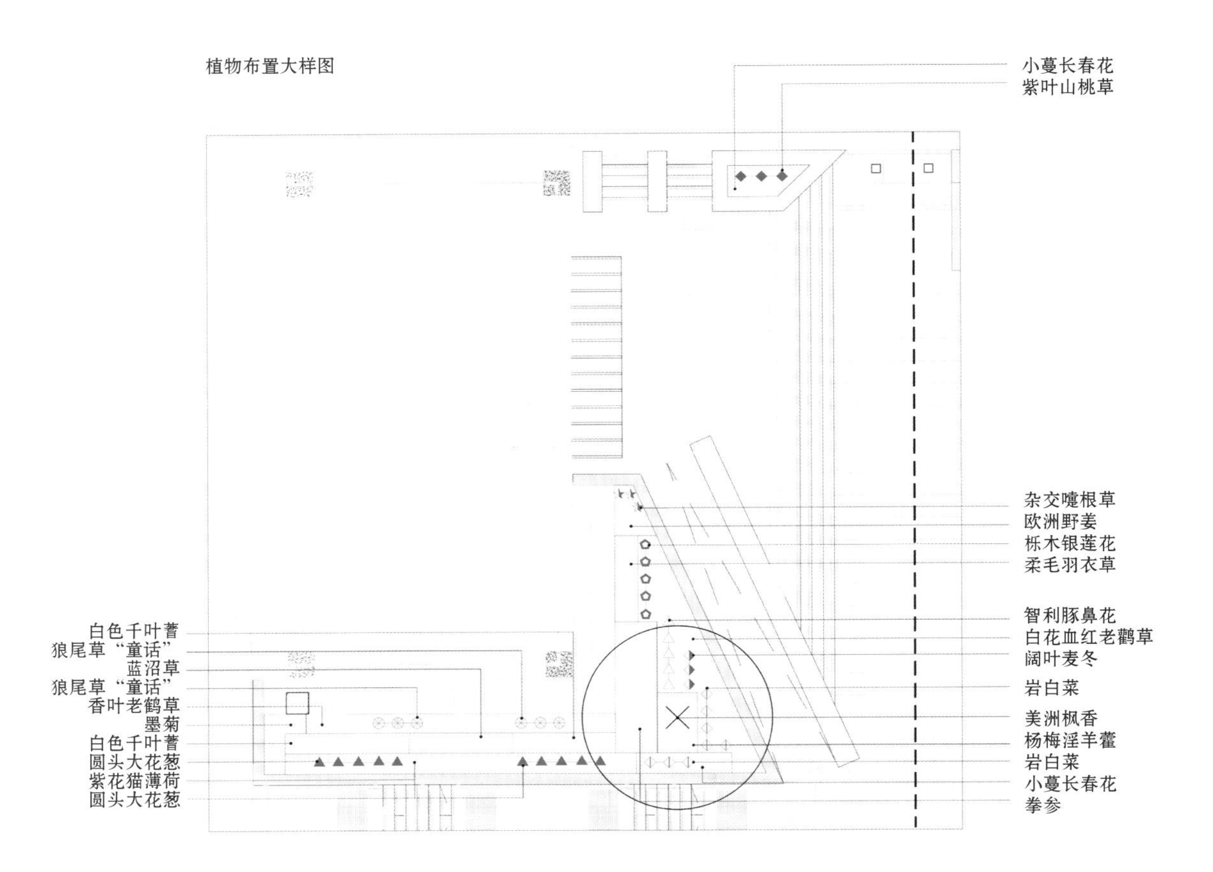


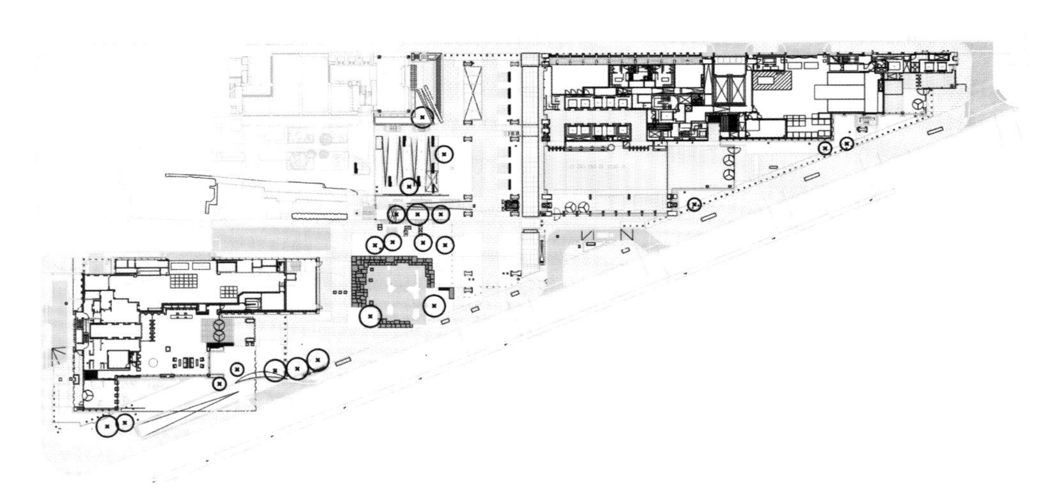

鳞茎植物（密度 50%）

草坪中的鳞茎植物（密度 60%）

鳞茎植物（密度 100%）

林下植被（密度 100%）、鳞茎植物（密度 50%）

草坪

绿墙

LONDON WALL PLACE

类型 1：洋常春藤“沃纳”

类型 2：洋常春藤“金童”

类型 3：络石藤

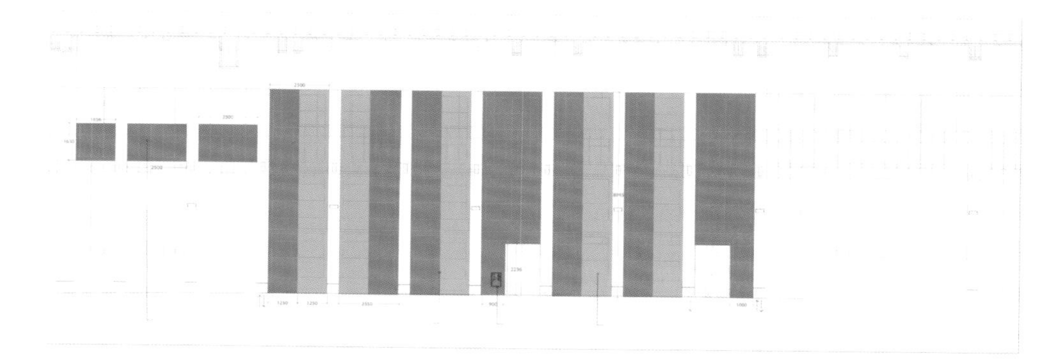

北立面植物

北立面植物

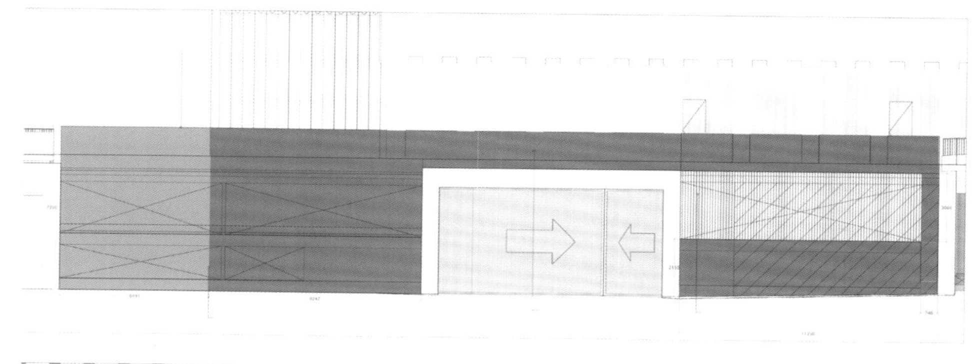

北立面植物

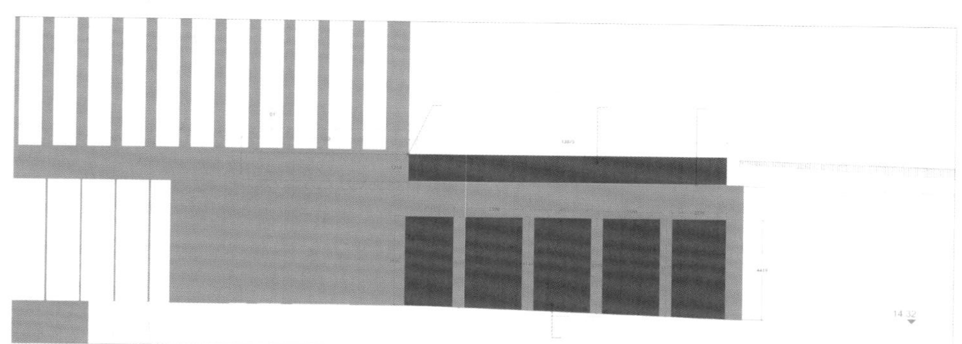

南立面植物

## 设计观点

设计方案的演变——从市政府最初提出的设计要求，到最终确定的设计方案——是市政府与设计团队之间的一次极具建设性的合作。这种积极的合作关系在景观设计的质量上体现得尤为明显，包括28棵新栽种的乔木（以大树冠乔木为主）、一个水景以及罗马城墙和圣阿尔法教堂塔的遗迹。伦敦墙广场的绿色空间为周围的街道提供了新的步行通道，并形成了沿着伦敦墙面向公众开放的公共绿化空间，成为当地公共绿化网的重要一部分。

**摄影：**LDA 设计公司、约翰·斯特罗克（John Sturrock）　　**面积：**4350 平方米

英国，伦敦

# 巴特西发电站西部庭院景观

*设计的出发点是太阳在一天之间给庭院带来的光线变化。植物品种选择了常绿，冬季易生长和具有景观质感的植物，并且要能突出各个季节的特点——春季的万物复苏，秋天的浓厚色彩，以及冬季干枯植物营造的造型之美。*

巴特西发电站西部庭院景观（Circus West, Battersea Power Station）项目是一个半私人性质的庭院，位于英国伦敦，属于巴特西发电站开发项目的第一阶段。庭院周围是住宅楼，由 dRMM 设计事务所和辛普森－豪格合伙人建筑事务所（SimpsonHaugh and Partners）合作设计。dRMM 设计的金色建筑立面，在反光效果下，让庭院的开放式空间也笼罩在金色的色调下。

庭院是一个 160 米的狭长空间，中心区域（35 米处）较宽，有一扇天窗，满足庭院下方的办公室的自然采光。设计的出发点是太阳在一天之间给庭院带来的光线变化。两片朝南的斜坡草坪旨在最大限度地暴露在阳光下，同时，草坪地势较高，相对于旁边的互动式水景和中央的庭院空间来说，是俯瞰风景的好地方。

这两片草坪包括桦树林，桦树的树冠形成一种轻盈透气的天然绿色遮篷，阻挡了旁边住宅楼阳台上的视线，保护了游人在草坪上的隐私。同时，斜坡草坪也带来地势的起伏变化。从住宅楼上看的话，会觉得庭院有一种动态的几何结构。斜坡的高处种植着喜荫的地被植物、多年生植物和季节性的鳞茎植物。这些植物保证了庭院空间一年四季都有植被覆盖，确保了景观全年的观赏性。斜坡低处的种植区域柔化了公共庭院空间和私人住宅花园边界之间的过渡。斜坡高处和低处（庭院边缘）植物全盛生长之时，带来一种仿佛在大自然中漫步的景观体验。植物品种的选择主要考虑到以下因素：是否常绿、冬季的生长、植物的景观质感（使人能看到微风吹拂）。此外，还有重要的一点就是，植物要能突出各个季节的特点——春季的万物复苏，秋天的浓厚色彩，以及冬季干枯植物营造的造型之美。

植物列表

杂交银莲花“奥诺·季柏特”
朝鲜当归
草莓树
欧洲细辛
落新妇
大星芹“血红”
大星芹“罗马”
垂枝桦
心叶牛舌草“贝蒂·鲍林”
心叶牛舌草“杰克·弗罗斯特”
托氏番红花
小穗发草
软树蕨
黄花毛地黄
鳞毛蕨
车前叶山慈菇“白美人”
香车叶草
金知风草
杂交嚏根草“哈灵顿石灰”
杂交嚏根草“哈灵顿夜色”
黑嚏根草
玉簪“德文绿”
玉簪“哈斯彭蓝”
玉簪“皇标”
地杨梅
富贵草
桃叶抱茎蓼“火尾”
欧亚多足蕨
马奇诺冬青蕨
欧樱草
羽叶鬼灯檠
野扇花
伊朗绵枣儿
红豆杉
大穗杯花
郁金香“白色胜利者”

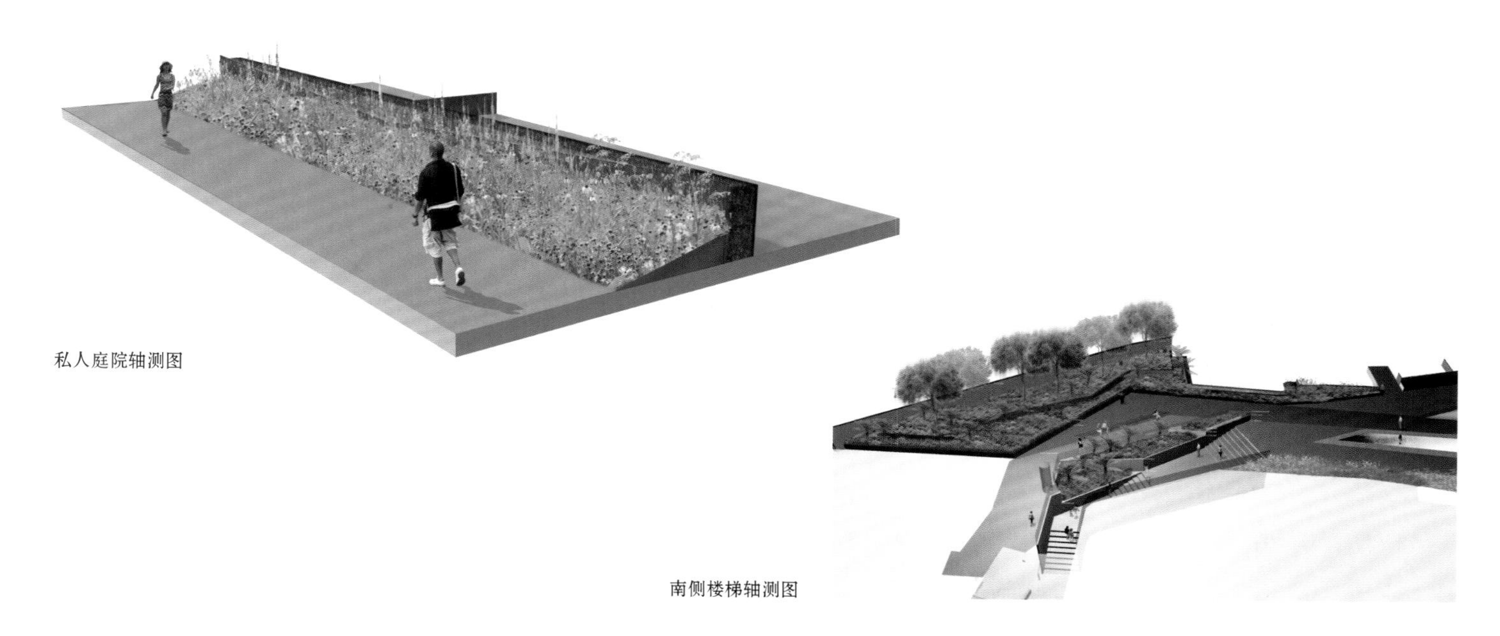

私人庭院轴测图

南侧楼梯轴测图

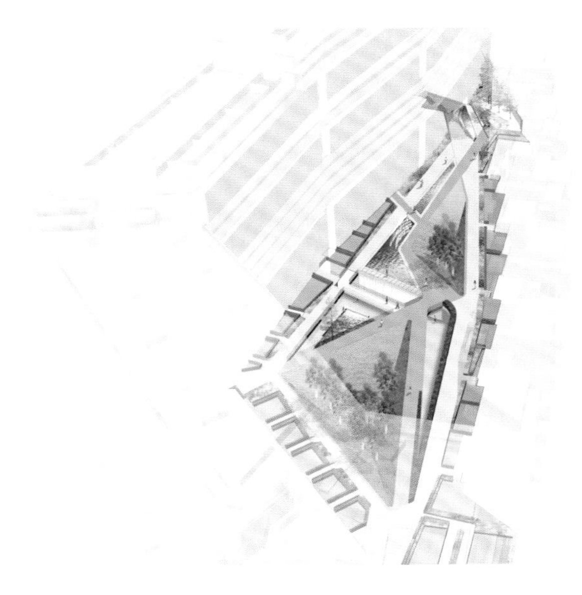

裙楼轴测图

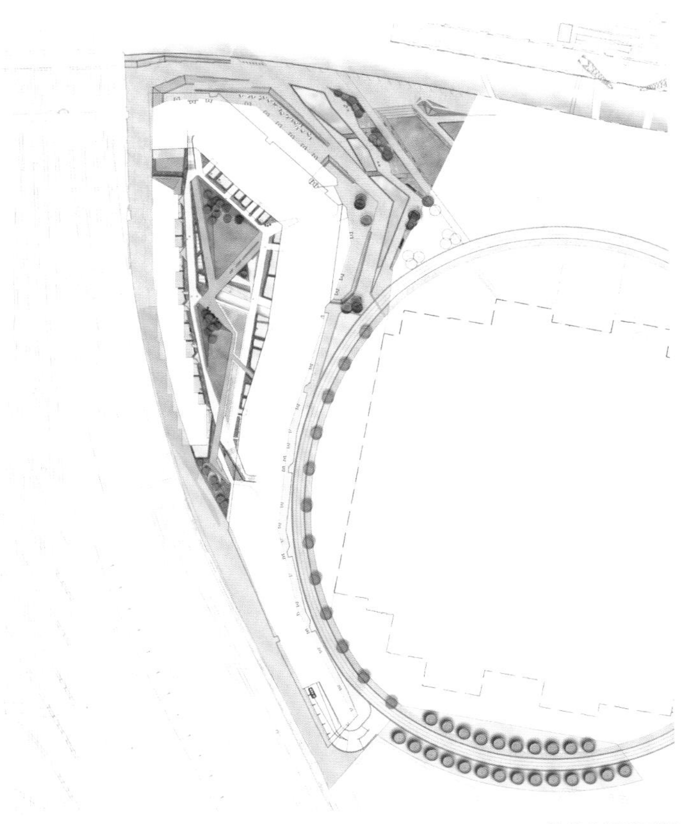

植栽布置平面图

庭院南端，建筑之间的距离使得阳光能够穿透空间。这里栽种了常绿的草莓树（来自巴塞罗那郊外的山区），搭配软树蕨，营造了一个郁郁葱葱的种植平台，柔化了庭院与邻近铁路之间的过渡。

# 索引

## R

RBA 设计事务所（Robert Bray Associates）

## S

Shma 设计事务所（Shma Company Limited）

斯科特・托兰斯景观事务所（Scott Torrance Landscape Architect）

## T

汤・穆勒（TonMuller）

## W

沃豪斯建筑事务所（Wowhaus Architecture Bureau）

沃曼建筑事务所（Wallman Architects）

乌立克斯景观设计（URBICUS）

## Y

亚当・伍德拉夫景观事务所（Adam Woodruff + Associates）

亚历克斯・花崎景观事务所（Alex Hanazaki Paisagismo）

英国 Gillespies 景观建筑事务所（Gillespies LLP）

## Z

珍妮特・罗森伯格工作室（Janet Rosenberg & Studio）

图书在版编目（CIP）数据

景观植物配置设计 / （英）坎农·艾弗斯编；李婵译. — 沈阳：辽宁科学技术出版社，2019.6（2021.9重印）
ISBN 978-7-5591-1080-0

Ⅰ. ①景… Ⅱ. ①坎… ②李… Ⅲ. ①园林植物—景观设计 Ⅳ. ①TU986.2

中国版本图书馆 CIP 数据核字（2019）第 028507 号

---

出版发行：辽宁科学技术出版社
（地址：沈阳市和平区十一纬路 25 号 邮编：110003）
印 刷 者：上海利丰雅高印刷有限公司
经 销 者：各地新华书店
幅面尺寸：210mm×265mm
印　　张：17.5
插　　页：4
字　　数：350 千字
出版时间：2019 年 6 月第 1 版
印刷时间：2021 年 9 月第 3 次印刷
责任编辑：李　红
版式设计：何　萍
责任校对：周　文

---

书　　号：ISBN 978-7-5591-1080-0
定　　价：268.00 元

编辑电话：024-23280070
邮购热线：024-23284502
Email: mandylh@163.com